KB079482

제2의 지구는 있는가

생명이 함께 있는 행성을 찾아서

이소베 슈조 지음
편집부 옮김
전득산 감수

BLUE BACKS
韓國語版

第二の地球はあるか
生命を乗せた行星を求めて
B-897 © 磯部琇三
1991
日本國·講談社

【지은이 소개】

이소베 슈조   磯部琇三
1942년 오사카(大阪) 출생.
도쿄 대학 이학부. 동대학원 졸업. 이학박사.
현재 일본 국립 천문대 조교수.
태양계 천체 연구 부분에서 별의 생성에 관한 연구를 하고 있다.
또한, 국제 천문학 연합의 천문 관측 환경 보전위원회 부위원장.
즉, 천문학에 있어서의 지구에서 보는 환경문제를 다루고 있다.
저서에 블루백스 『우주의 끝을 본다』 외

【감수자 소개】

전득산   全得山
1956년 부산 출생.
서울대학교 자연대학 해양대학 졸업.
서울대학교 대학원 해양학과 졸업 이학석사.
자연계 교수요원으로 육군 현역 복무.
서울대학교 대학원 해양학과 박사과정 수료.
제주대학교 근무(최종직급 조교수),
대한민국 남극세종기지 제3차 월동대 해양생물연구원 역임.
현재 한국해양연구소 재직(현 국제협력과장)

머리말

다케도리 이야기의 가구야 공주를 모르는 사람은 없을 것이다. 가구야 공주는 달에서 왔다. 한편 우리들 인류는 이 지구상에서 탄생하고 진화하였다.

가구야 공주는 달세계에서 이 지상으로 내려 왔다는 것이 이야기의 설정이다. 이야기를 읽어도 왜 내려 왔는지는 잘알 수 없다. 그러나 이야기의 작자나 당시 독자의 마음 속에 우리들 세계와는 다른 세계에 대한 그리움이 있었다는 것을 쉽게 짐작할 수 있다. 그리고 그 그리움은 이 이야기를 읽는 현대인에게도 있다.

1969년에 아폴로 11호는 달에 사람을 도착시켰다. 거기에는 떡방아를 찧는 토끼도, 가구야 공주도 없었다. 행성간 물질의 충돌에 의해 생긴 크레이터가 펼치는 황량한 세계였다. 막연하게나마 품고 있던 다른 세계에 사는 사람들의 존재에 대한 동경은 깨어지고 말았다.

지금 UFO를 믿고 있는 사람이 많다. UFO는 영어로 미확인비행물체란 뜻이다. 그러나 UFO란 단어를 우리말로서 사용할 때는 하늘을 날으는 원반을 타고 온 우주인을 연상하는 사람이 많다. 대부분의 과학자는 본문에서도 설명하는 바와 같이 이런 생각은 잘못된 것으로 보고 있다. 그러나 달에 가구야 공주가 없었다는 것은 분명하게 증명되었지만 우주인이 없다는 증거는 아직 명확하게 제시되어 있지 않다.

많은 과학자들은 이 광대한 우주의 어디인가에 우리들과 비슷한 아니 그 이상의 문명을 번영시키고 있는 세계가 있다는 기대를 갖고 있다. 그리고 그 기대를 향해 과학적인 증명을 하고자 노력하고 있다.

이 책의 목적은 그러한 증명의 노력 중의 극히 일부를 제시한 것이다. 나에게 생명의 발생·진화에 대해서 이야기할 능력은 없다. 그러나 생명의 발생에 있어 불가결한 모체로서의 행성, 지구가 이 우주에 어

느 정도 존재하는 것인가, 그리고 그 연구는 어디까지 발전하였는가에
대해 설명하기로 한다.

결론적으로 말해 제2의 지구가 존재할 상황 증거는 충분히 있다.
다소 낙관적으로 말한다면 1000억의 1000억 배나 있는 별들의 주변
에는 지구와 같은 행성이 있다. 그리고 그림과 같이 다케도리 할아버
지가 자른 대(竹) 속에서 가구야 공주가 나타날 가능성은 높다고 생
각된다. 물론, 현실 세계에 가구야 공주 자신이 오는 것이 아니라 전파
의 모습으로 다케도리 이야기의 TV 프로그램이 방송되는 것 이상의
일은 일어나지 않는다.

제2의 지구는 있다고 했으나 그 존재의 연구로 밝혀진 것은 제2의
지구 주변 환경은 생명이 발생·존재하기에는 미묘하다. 형성되는 제2
의 지구의 질량이 우리들의 지구와 조금이라도 다르다면 생명의 발생
에 불가결한 물을 풍요하게 보전할 수가 없다. 또한 생명이 발생하

여도 행성 부근에서의 초신성 폭발, 소행성의 충돌 등이 있으면 아무 소용이 없다.

더욱이, 우주인의 존재를 알려면 우리들 지구상의 인류도 제2의 지구상의 우주인과 서로가 통신할 수 있을 정도로 오랜 기간에 걸쳐 그 문명을 유지할 필요가 있다. 제2의 지구가 존재할 가능성이 있는 별까지는 빛의 속도로도 몇 천 년이 걸린다. 인류는 핵전쟁이나 공해 등으로 멸망해서는 안된다.

우주 속에서 우리들 지구상의 인류만이 '외톨이'가 아니라는 것을 보여 주려면 인류는 몇 세대에 걸쳐 이 고도한 문명을 보전해야 한다. 그렇게 못한다면 모처럼 지상으로 찾아온 가구야 공주는 위의 그림과 같이 되어 버릴 수도 있다.

'머리말'로서는 지나치게 미사여구를 나열한 것 같으나 이 책의 내용이 읽기 쉬운 것만은 아니다. 그러나 우주인의 모습을 단순히 머리 속에 그려볼 뿐만 아니라 그 존재를 현실의 것으로 하기 위해 어떠한 노력이 기울어지고 있는가를 알 수 있는 기회가 된다면 다행이라 생

6

각한다.

또한 이 책을 쓰고자 하는 동기를 부여하여 주신 분은 지구외 문명 탐사의 연구도 하고 있는 우주 과학 연구소의 히라바야시(平林) 씨였다. 매년 여름에 도쿄의 스루가다이(駿台) 학원 중·고등학교가 개최하는 3박 4일의 집중 천문 강좌에서 히라바야시 씨하고 함께 강연하였다. 그때, 히라바야시 씨가 말한 가구야 공주의 이야기는 너무나도 인상적이었다. 여기에서 보는 두 그림의 아이디어를 사용하는데 동의해 주신 것과 더불어 감사드리고 싶다.

1991년 10월
이소베 슈조

차례

8

제 1 장
행성을 태운 원반

1. 1967년 11월 28일

리틀 그린맨으로부터의 신호

1967년 11월 28일, 영국 캠브리지에 있는 캐벤디쉬 연구소의 관측실에는 책임자인 앤소니 휴위쉬(A. Hewish)를 비롯하여 주요 연구자들이 모두 모여 있었다. 누구도 말 한마디 하지 않고 긴장한 표정으로 장치를 보고 있었다. 그 장치는 조금 전에 전파 망원경으로 포착한 자료를 기록한 고속 녹음기였다.

기록된 자료를 천천히 되돌려 보니 출력 신호가 주기적으로 강해진다는 것을 알게 되었다. 그리고 더욱 주의를 기울여 보니 출력 신호는 1.337초의 주기로 강해지는 것이다. 또한 그 주기는 매우 정확하여 9자리 수에서 겨우 하나만 변화하는 정밀도였다. 이것은 1년에 1초 밖에 틀리지 않는 시계보다도 몇 십 배나 정확한 주기이다.

관측실에 있던 누구나 이 신호는 인공적인 것일 수밖에 없다고 생각하였다. 지구상에도 전파잡음을 일으키는 여러 가지 원인은 있다. 그러나 휴위쉬의 제자인 죠세핀 벨(J. Bell)—그녀가 이 주기적 신호를 알아차린 최초의 사람이었다—의 정밀한 조사에 의해 그 신호는 지구 주변의 현상에 의해 야기되어질 정도의 전파 신호는 아니라는 것이 입증되었다. 이 주기적인 신호는 태양계에서 멀리 떨어진 항성계 (恒星界)로부터 도달되는 것이었다.

이 결과를 본 휴위쉬 등은 크게 흥분하였다. 항성계에 존재하는 인공적인 지능을 갖는 생명체란 바로 다름 아닌 우주인이기 때문이다. 그리고 이 규칙적인 신호를 발신하는 우주인을 리틀 그린맨(녹색의 소인)으로 부르기로 하였다. 만일 사실이라면 콜럼버스가 아메리카 대륙을 발견한 것 이상의 대발견이다.

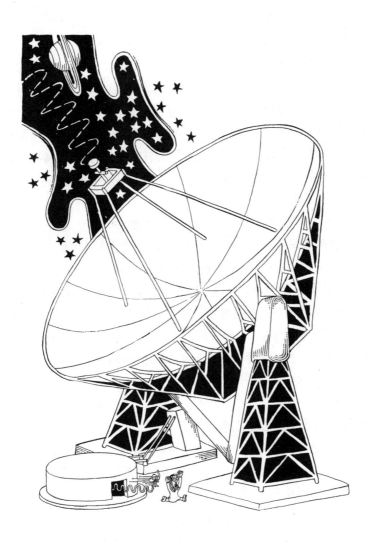

리틀 그린맨!

그러나 휴위쉬 등은 이 대발견을 즉각 발표하는 것을 망설였다. 그 까닭은 이 사실이 너무나도 충격적이었기 때문이다. 아득하게 멀리 있는 별에 인류와 비슷한 두뇌를 갖는 생명이 존재한다는 것은 동지의 존재를 기뻐할 반응으로만 끝날 일이 아니다.

지금도 꽤 많은 사람은 UFO의 존재나 지구로의 내방을 믿고 있는데, 휴위쉬의 발견이 있었을 당시도 상황은 현재하고 별로 다르지 않았다. 따라서 비록 먼 곳의 항성계일지라도 우주인이 존재한다는 사실이 과학적인 방법으로 증명되면, 곧 UFO의 비래(飛來)든가, 우주인의 습격이다 하는 등의 과학 공상적인 이야기가 나돌아 전세계는 큰 혼란에 빠질 위험성이 걱정되었다.

휴위쉬 등은 신중하게 행동하였다. 그 후로 수개월에 걸쳐 관측을 반복하면서 자료의 신뢰도를 높였다. 원래 이 발견은 우연히 이루어진 것이었기에 그들은 더 한층 신중을 기했던 것으로 보여진다.

천체 관측을 할 때는 언제나 세심한 배려가 요구된다. 목적하는 천체 이외에서 도달하는 여분의 신호가 끼어들지 못하도록 장치를 고안하고 안전하게 작동할 수 있도록 해야 한다. 이번의 발견 같은 전파 관측의 경우는 세심한 주의를 기울여도 지구 대기(전리층)의 전리 가스에서 발생하는 잡음에서 벗어날 수는 없다.

다른 데도 있었던 리틀 그린맨

1967년 당시, 휴위쉬 등의 그룹은 이제까지 발견된 천체보다 훨씬 미약한 펄서(pulsar ; 전파 천체)를 포착하는 계획을 갖고 있었다. 그리고 원방의 천체에서 도달하는 전파 관측에 방해가 되는, 지구 대기에서 생기는 미약한 전파 잡음을 연구하는 일로부터 시작하였다. 이 목적을 위해서는 천체에서 오는 전파의 영향이 없는, 다시 말하면 아무런 천체가 없다고 여겨지는 하늘의 부분의 관측이 필요하였다.

몇 사람의 관측자가 매일매일을 얼핏 보면 지루한 것 같은 관측을

그림 1-1 휴위쉬 등이 펄서(규칙적으로 전파를 발사하는 천체)를 발견한 전파
망원경. 지상에 많은 안테나가 설치되어 있다.

되풀이하였다. 그러한 나날 속에서 아직 대학원의 연구생이었던 죠세핀 벨이 고속 녹음기에 녹음된 신호가 주기적으로 강해지는 것을 처음으로 발견하였는데, 이것이 대발견의 동기가 되었다.

신호가 주기적으로 도달한다는 사실로서 벨은 처음에는 관측 장치의 조절이 좋지 않기 때문에 인공적인 전파잡음이 개입한 것은 아닌가 하고 생각했다.

우리들의 가정으로 보내지는 전기는 매초 50회 또는 60회의 진동을 하며 그 주기는 매우 정확하다. 혹시 이러한 인공적인 잡음이 전파망원경에 의해 포착되는 것이 아닐까. 그러나 더욱 중요한 것은 이 펄스적인 신호가 수신되는 시각이 매일 약 4분씩 빨라진다는 사실이었다. 이러한 편차는 천체를 관측할 때는 언제나 경험하는 일로서 태양 주위를 지구가 도는 운동을 반영한 현상이다.

이 보고를 벨로부터 받은 휴위쉬는 더 좋은 고속의 자료 녹음기를 급히 제작하도록 지시하고, 11월 28일의 긴장한 날을 맞이한 것이다.

이미 수십 일에 걸친 벨 등의 관측이 있었으므로 다른 여러 가지

14

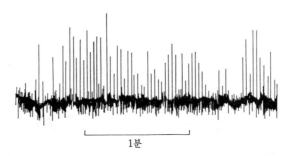

그림 1-2 펄서가 발사하는 펄스 전파.
몇 초에 1회씩 규칙적인 주기로 발사된다. (러지 등에 의함)

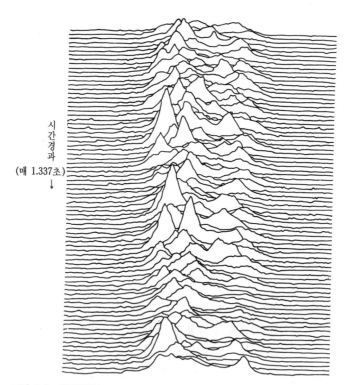

시
간
경
과
(매 1.337초)
↓

그림 1-3 여우자리(Vulpecula)의 펄서가 발사하는 펄스 전파를 겹쳐 놓은 것.
1.337초마다 펄스는 발신된다. 이것은 전파원의 중성자별의 자전 주기와
같다.

주기의 펄스(pulse)의 포착 여부도 탐색하였다. 그리고 최초로 발견된 신호는 여우자리(Vulpecula)로부터 발사되는 것으로 CP1919+21로 명명되었다. 이러한 신호는 심장이 박동할 때와 같은 고동(pulse)을 나타내므로 펄서(pulsar)라고 이름이 지어졌다. 수개월에 걸친 신중한 관측 결과 다른 곳에서도 2개의 펄서가 발견되었다. 즉, 규칙적인 신호를 발신하는 리틀 그린맨은 세 사람이나 있는 셈이다.

휴위쉬는 드디어 결과를 발표하기에 이르렀다. 그렇게 많은 우주인이 연이어 발견될 만한 이유는 충분하다고 보여졌기 때문이다.

정체는 중성자별

이와 같은 단시간의 주기로 밝기가 변하는 천체란 어떤 것일까. 그것은 이미 1930년에 란다우(Landau)와 츠비키(Zwicky)에 의해 그 존재가 예언된 바 있었다. 보통의 원자에 의해 이루어진 보통의 천체가 아니라 별 전체가 거의 중성자로 이루어졌을 것으로 보여지는 천체라고 생각하였다. 중성자는 (중성이므로) 전기적 반발력이 없고 얼마든지 압축될 수 있다. 태양 정도의 거대한 질량을 지름 10km의 구(球) 속으로 압축하여 넣을 수가 있는 것이다.

초신성 폭발이란 별의 일생에서 최후에 일어나는 대폭발을 말하는데, 이 폭발의 반작용에 의해 별의 중심부가 급격하게 압축되어 중성자만으로 된다. 그리고 매초 몇 회에서 몇 백 회의 고속으로 회전하기 시작한다. 이 고속 회전하는 중성자별의 빛나는 부분이 규칙적인 주기로 휴위쉬 등에게 보여진 것이다.

현재까지 발견된 펄서의 수는 300개나 이르고 있다. 그리고 그것은 모두가 리틀 그린맨이 아니고 중성자별이었다.

중성자별 자체는 천문학 뿐만 아니라 소립자 물리학에서도 중요한 천체이다. 그러나 1967년에 휴위쉬 등을 흥분시켰던 우주인의 존재를 제시하는 별은 아니었다.

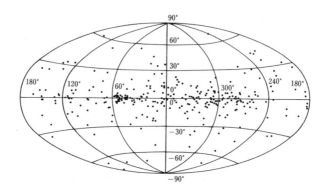

그림 1-4 발견된 펄서. 은하수를 중심선으로 한 천구상에 투영하여 있다. (세로축은 은하 위도, 가로축은 은하 경도)

앞으로도 1967년 때와 같은 커다란 흥분이 다시 돌연히 나타날지 어떨지는 아무도 모른다. 그러나 천문학자 뿐만 아니라 과학자의 대부분은 우주인의 존재를 믿고 또한 기대하면서 우주인의 존재를 탐색하는 착실한 연구를 계속하고 있다. 이제부터 그러한 연구의 흐름과 현상을 설명하고자 한다.

2. 우주인과 교신하고 싶다

이렇게 엄청나게 많은 별이 있으니…

우리들 인류는 지름이 1만 3000km나 되는 지구상에 살고 있다. 그 지구를 포함하여 아홉 개의 행성이 태양의 둘레를 돌고 있다. 태양은 수천억 개의 별을 포함하는 은하계의 한 요소이다. 더욱이 우주에는 은하계와 같은 별의 집단인 은하가 역시 수천억 개 존재하고 있다.

이렇게 엄청나게 많은 별이 있으니 우리와 같은 생명체가 우주의 어딘가에 존재한다고 생각하고 싶은 것은 당연한 것이다. 우리들은 그들과 어떠한 형태로든 교류할 수는 없을까.

그들이 우리들 같은 인간이라면 우선 만나 보고 싶어진다. 가령 서로가 지구상에 있다면 먼 옛날 사람들도 우주인과 만날 수 있었을 것이다.

인류는 수백만년 전에 지구상에 탄생한 이래, 몇 만km나 여행을 하여 세계의 거의 모든 지역에 살게 되었다. 그러나 지구 이외의 곳에서 우주인과 만날 경우에는 지구와 몹시 다른 상황이 된다.

우선 지구에는 강한 인력이 있으므로 우주인을 만나려면 이 강한 인력을 극복하여 우주 공간으로 나가야만 한다. 이러한 일이 가능하게 된 것은 겨우 40년 전의 일이다. 그 사이의 기술적 진보는 대단하여 파이어니어 10호, 보에서 1호, 보에저 2호가 행성계에서 이탈하여 항성을 향해 출발하기까지 되었다. 이러한 기술적인 진보가 지금처럼 진행된다면 인류가 별과 별 사이의 공간을 날아다니는 날도 그리 멀지 않을 것 같다.

로켓보다는 전파로

우주의 어딘가에 우리 인류보다 좀 더 일찍 진화를 시작한 생명체가 있다고 하자. 그 시간차가 비록 100년이라 하여도 현재의 지구상의 인류로는 생각도 할 수 없는 기술을 그들이 갖고 있을 가능성이 있다. 그리고 아득하게 먼 별에서 지구까지 날아와서 우리들과 교류하고자 할지도 모른다고 말하는 사람들이 있다. 이러한 사람들이 UFO를 믿는 사람들이다.

UFO란 Unidentified Flying Object의 머리 글자를 딴 것으로 직역하면 미확인비행물체이다. 우리들 주변에는 아직까지 과학의 힘으로 해명할 수 없는 일이 많다. 무엇인가 원인이 확실하지 않는 것을 UFO라고 부르는 것은 옳바른 표현이다. 그러나 그러한 정체도 서서히 밝혀지고 있다. 예를 들면 밤하늘을 떠도는 도깨비 불이 어떻게 보

UFO하면 우주인우

이게 되는가 하는 것도 최근에 이르러 해명되었다.

일본에서는 UFO하면 우주인을 태운 우주선 같은 것을 생각하는 사람이 꽤 많다. 이것은 옳바른 영어의 번역도 아니고, 우주선이 정말 올지 어떨지에 관해서도 적지 않은 문제가 있다.

태양계를 탈출한 파이어니어 10호가 이웃의 항성계에 이르는 것은 몇 십만 년이나 앞으로의 일이다. 은하계 중에 고도의 기술을 갖는 우주인이 있는 별의 수가 어느 정도인지 알 수는 없으나, 존재의 가능성이 있는 별은 이웃의 별보다 훨씬 먼 곳에 있다. 그러므로 우주선은 광속에 가까운 속도로 가속해야만 한다.

아득하게 멀리 떨어져 있는 사람과 교류하는 유효한 방법은 전파(전자파)를 사용하는 것이다. 서로 만날 수는 없어도 전파를 사용하면 정보를 광속으로 전할 수 있다. 인류와 마찬가지로 행성 표면에서 이탈할 수 있을 정도의 기술을 갖는 우주인이라면 전파 신호를 자유로이 방사하고 수신할 수 있을 것이다. 우주선을 광속 정도의 속도로 가속하기 위해 방대한 에너지를 쓰는 대신에 우주인이 있을 만한 방향으로 전파를 방사하는 것이 훨씬 효율이 높다고 할 수 있다.

드레이크의 승산

코넬 대학의 드레이크는 1960년, 미국의 버지니아 주에 있는 그린뱅크 천문대의 구경 26m 전파 망원경을 사용하여 행성계를 갖고 있다고 여겨지는 고래자리(Cetus)의 다우별과 에리다누스강자리(Eridanus)의 이프시론별로부터의 전파 수신을 시도하였으나 아무런 신호도 받지 못했다. 한편, 이쪽에서 전파를 방사한다면 가까운 별이 10광년 정도의 거리이므로 만일 그곳에 지적 수준이 높은 우주인이 있다면 곧 전파를 역송신할 것이다. 그렇다면 그 전파는 20년 이내에 우리들의 지구로 도착할 것이다.

이러한 시도는 1973년에 아레시보 천문대의 구경 305m 고정식 전

파 망원경으로 시행된 일이 있다. 7만 광년이나 되는 먼 곳에 있는 구
상 성단 M13을 향해 3분간 신호가 방사되었다.

드레이크의 시도는 말하자면 약간의 무모함도 따르고 있었다. 그것
은 마치 산속에서 조난당한 사람이 있을 만한 방향을 향해 아무렇게
나 큰소리로 고함치는 것과 비슷했을 것이다. 그러나 드레이크로서는
어느 정도의 승산이 있다고 믿었던 시도였다. 그것은 유명한 드레이크
의 식(式)을 근거로 하여 이루어졌다.

우주인과의 통신이 성공할 가능성은

$$N = R \cdot f_p \cdot n_e \cdot f_l \cdot f_i \cdot f_c \cdot L$$

로 나타낸다(·는 곱하기를 나타낸다). R은 우주 속에서 별이 탄생하
는 비율이고, f_p는 그 중에 행성계를 갖는 별의 비율, n_e는 생명체에
살기에 적합한 행성의 수, f_l은 실제로 생명체를 갖는 행성의 비율, f_i
는 생명체를 갖는 행성 중에서 지적 생명체를 갖는 비율, f_c는 별과
별 사이의 통신을 할 수 있을 정도의 고도 기술 문명에 이르는 비율,
그리고 끝으로 L은 우주인이 전파에 의한 통신 수단을 갖게 되면서부
터 생존할 수 있는 연령을 곱하는 것이다.

여기에 제시된 각각의 값은 현재까지는 아직 정확하게 결정되어 있
지 않다. 각각의 값이 취할 수 있는 범위를 고려하여 N의 값을 계산
하면 1에서 10^8의 사이로 되어 있다. 이렇게 광범위한 것은 전혀 타당
성이 없다고 여길 사람도 있을 것이다. 그러나 이런 값들의 상한과 하
한은 과학적인 방법으로 정해져 있으므로 적당한 값하고는 전혀 다른
의미를 지니고 있다.

드레이크는 각 값이 가장 이상적으로 된 경우에는 신호를 방사하고
있는 행성계가 반드시 존재한다고 믿고 전파를 수신하기 시작하였다.
그러나 아마도 실제 상황은 생각한 바대로 잘되지는 않았을 것이다.
전파 신호가 수십 년 사이에 왕복할 수 있는 범위의 천체하고는 통신

그림 1-5 아레시보(푸에르토리코)에 있는 구경 305m의 전파 망원경

이 실패로 끝나고 말았다.

수많은 지구가 있다!

그러므로 N의 수가 가장 적은 경우를 가정하여 이미 다음 단계의 시도가 시작되었다.

은하계의 지름은 10만 광년이다. 그 거리를 전파가 달리는 시간(10만 년)보다 지구가 형성되어 인류가 고도의 문명을 이룩할 때까지의 시간이 훨씬 길다. 우주 연령으로 우리들보다 약간 먼저 탄생한 것 같은 행성상의 우주인은 지구상의 인류보다는 훨씬 진화하여 있을 가능성이 높다. 그와 같이 먼 곳에 있는 우주인이 1973년의 아레시보 천문대의 시도같이 다른 별에 전파를 발사하였다면, 그 신호를 우리들이 수신할 가능성은 있다.

세계에는 구경 30m를 넘는 전파 망원경이 10대 이상 있다. 이들 망원경은 언제나 천체 관측을 위해 쉴 새 없이 바쁘게 사용되고 있다.

그렇게 바쁜 속에서 몇 개 그룹의 천문학자들은 우주인으로부터의 전파 신호를 수신하는 노력을 계속하고 있다.

그러나 현재까지로는 우주인으로부터의 전파 신호는 수신되어 있지 않다. 왜 수신하지 못하는 것일까. 문제를 과학적으로 생각하지 않으면 통근 시간에 영등포역에서 동행하다 잃어버린 친구를 찾기보다 더 어려운 일이 되고 만다.

우선 드레이크의 식의 N의 값이 기대하는 것보다 훨씬 작으면 전파를 수신할 수 없다. 또한 우주인이 일정 기간만 전파를 방사하고 멈추어 버렸다면, 이 때도 수신할 수 있는 가능성은 적어진다.

나중의 문제를 밝힌다는 것은 매우 어렵다. 그것은 우주인이라는 생명체는 어떠한 사고 방식의 습성을 갖고 있는가 하는 문제와 관계되며, 천문학자가 결론지을 수 있는 종류의 문제가 아니다. 천문학자가 할 수 있는 일은 먼저 말한 문제, 특히 지구와 같은 환경을 갖는 천체가 어느 정도 있는가를 결정하는 일이다.

그 결과, 한 20년 남짓한 연구로 드레이크의 식에서 제시된 여러 항목의 값이 택할 수 있는 범위는 점차로 좁아지고 있다. 답을 구하는 방법은 이 책에서도 차차 제시할 예정이지만, 결론적으로 말할 수 있는 것은 제2의 지구만이 아니라, 제3, 제4…의 지구도 있을 수 있다는 것이다. 우주인의 탐사 시도는 드레이크의 임의대로의 뜻이 아니라 보다 뚜렷한 형태로서 과학적으로 다루어야 할 문제가 되었다.

3. 화성의 생명체는 어디에

새로운 우주상

우주인하면 누구나가 머리에 떠오르는 것은 화성인일 것이다. 문어 같은 모양을 한 화성인을 영화나 그림 어디에선가 본 일이 있을 것이

그림 1-6 H.G.웰스가 생각한 화성인

다. 그러한 모양은 인류가 갖는 능력 중 사물을 생각해내는 두뇌와 그 것을 외계로 전하는 손과 발이 장래에는 더욱 발달할 것이라는 생각 에서 창조된 것이다.

코페르니쿠스 이전에는 이러한 화성인의 존재를 생각할 가능성조차 없었다. 인류가 살고 있는 지구가 우주의 중심이었으므로 지구 이외의 장소에는 전혀 다른 생물이 존재한다고밖에 생각할 수 없었다. 그것은 군신(軍神)과 같은 신의 세계인 것이었다.

곧이어 코페르니쿠스, 케플러, 갈릴레오 등의 노력에 의해 지구는 다른 행성과 동일하게 태양의 주위를 도는 하나의 천체라는 것을 알 게 되었다. 그리고 보다 중요한 것은 지구에도, 금성에도, 화성에도 전 적으로 같은 형태의 중력이 작용한다는 사실이 뉴턴에 의해 밝혀진 것이다. 즉, 화성이나 금성에는 신이라는 초월적인 무엇인가가 존재하 기보다 지구상에 있는 것과 같은 것이 존재할 가능성이 커졌다는 것 이다.

1608년에 망원경이 발명되어 그때까지의 우주와 다른 모습을 보게 되었다. 우선, 목성이나 토성의 둘레를 돌고 있는 위성이 발견되었다. 우리가 육안으로 직접 밤하늘을 볼 때의 각분해능(角分解能)은 약 1분각(1도의 60분의 1)이므로 화성이나 금성은 항성(恒星)과 마찬가지로 점모양으로밖에 보이지 않았다. 그러나 망원경을 사용함으로써 수십초각이나 넓게 볼 수 있게 되었으며, 그들 별은 항상 원반상이 아니고 달과 같이 울퉁불퉁하다는 것이 밝혀졌다.

그렇지만 19세기에 이르기까지의 굴절 망원경은 색수차(色收差)가 큰 것이었다. 즉, 적·황·녹·청·자 등의 빛에 의한 상은 각각 약간씩 편차가 있어 보이기 때문에 (이것을 색수차라 한다) 자세한 무늬는 흐려서 식별할 수 없었다.

화성의 큰 무늬

영국의 돌런드(John Dollond)가 굴절율이 서로 다른 렌즈를 조합하여 색수차가 없는 굴절 망원경을 제작하여 그 후부터 행성의 표면 모양을 상세하게 조사하는 것이 가능하게 되었다.

색수차를 제거할 수 있게 되니 반대로 별에서의 빛을 스펙트럼으로 정밀하게 관측할 수 있게 되었다. 크리스트교의 중심지인 바티칸 천문대의 섹키(Angelo Secchi)는 망원경으로 모여진 별의 빛을 프리즘에 통과시켜서 무지개 같은 색으로 구분하였다. 그리고 그 무지개 스펙트럼 속에는 어두운 부분(암선이라 한다)이 여러 개 있으며 암선의 위치는 별마다 다르다는 것을 발견하였다.

섹키는 육안에 의한 주의 깊은 관측을 화성에 대해서도 하였다. 그리고 화성의 표면 모양이 시간에 따라 변화한다는 것을 발견하였다. 당시의 망원경은 화성 전체를 30개로 분해할 수 있을 정도의 것이었다. 현재 텔레비전의 주사선의 수는 500개 정도이므로 그 17분의 1의 정밀도이다. 이런 정밀도로 화성을 TV화면으로 본다고 해도 자세한 무늬가 보인다고는 도저히 생각할 수 없으나, 그래도 섹키는 화성

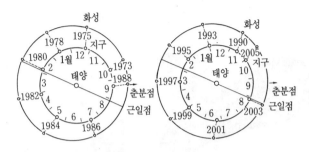

그림 1-7 약 2.2년마다의 충(1973~2003년)

표면상에 근육 무늬 같은 것이 보인다고 기록하여 있다.

섹키에 이어 화성을 상세하게 관측한 사람은 스키아파렐리(Schia-parelli)였다. 화성의 공전 주기는 1.88년이고 지구는 물론 1년이다. 2개의 천체가 이 주기로 태양의 주위를 돌면 약 2.2년마다 태양·지구·화성순으로 배열하는 충(衝)이라는 맞자리를 이룬다.

화성의 궤도는 원이 아니고 타원이므로 화성이 충(衝)을 이루어도 원일점(遠日点) 부근에서는 지구에서 1억 km나 떨어져 있으나, 근일점 부근에서는 5000만 km로 가까워진다.

스키아파렐리는 1879년부터 1890년에 걸친 7회의 충(衝)때의 화성을 관측하여 가장 가깝게 접근한 1888년에 화성 표면상에 있는 근육 무늬를 분명하게 확인하였다. 그리고 근육 모양의 무늬를 카나리(이탈리아어로 근육의 뜻)라고 이름지었다. 그리고 카나리는 때에 따라 한 줄로 보이거나 두 줄로 보이면서 변화한다는 것도 기록하였다.

현재의 관측에 의하면 화성에는 깊은 협곡이 있는 것으로 알려져 있다. 이러한 협곡은 태양 빛이 닫는 방향에 따라, 즉 그 장소가 아침 때인가 저녁 때인가에 따라 빛나는 부분이 다르며 보이는 모습이 변화하고 있다.

스키아파렐리의 서술은 당시로서는 현재의 UFO와 필적할 만한 불

어느 새에 '근'이 '운하'로

그림 1-8 스키아파렐리가 그린 화성. 표면의 근육 무늬(카나리)가 뚜렷하게
그려 있다. 왼쪽 경도 0° 측에서, 오른쪽은 경도 90° 측에서 본 그림

가사의한 현상이었으며 정확한 서술이었다. 현대의 UFO소동도 우주
인이니 하는 선입관을 갖지 말고 하나하나 정확하게 기록을 남기는
일이 중요하다고 생각된다.

스키아파렐리가 이태리어로 명명한 카나리가 영어로 번역될 때 커
낼(canal;운하)이라는 말로 변해 버렸다. 이 틀린 번역이 많은 사람에
게 화성에는 인공적인 운하가 있는 것으로 인식시켜 놓았다. 이 이야
기를 듣고 화성인의 존재를 사실로 믿은 사람이 미국의 로웰(Low-
ell)이었다.

로웰 운하를 발견!?

로웰은 어릴 적부터 별을 보는 것을 몹시 좋아하였다. 그러나 대학
졸업 후 부친의 일을 이어 받아 무역상이 되어 세계를 여행하였으며
일본에서도 잠시동안 산 일이 있다. 48세 때에 화성인의 존재를 과학
적으로 밝히기 위해 관측 조건이 좋은 애리조나 주의 프라그스타프에
천문대를 건설하고 자신이 직접 열심히 화성 관측을 하였다. 그 천문
대가 현재 유명한 로웰 천문대이다.

프라그스타프는 해발 2000m의 고원에 있으며 상공의 대기가 매우
안정한 상태를 이루고 있다. 일본 같은 몬순지대에서는 대기가 불안정

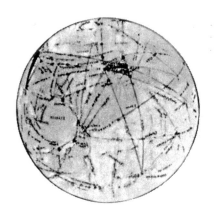

그림 1-9 로웰의 화성 모습

한 때가 많아 잔물결이 이는 강바닥의 돌조각을 보는 것같이 상의 윤곽이 흐려진다. 프라그스타프의 밤하늘은 그 흐려지는 상태가 수분의 1 정도로 적으므로 로웰은 스키아파렐리보다 몇 배나 상세하게 화성 표면을 볼 수 있었다.

현재 남아 있는 로웰의 화성 표면 그림에는 근육 무늬가 그물의 눈같이 펼쳐져 있다. 프라그스타프의 밤하늘의 조건이 아무리 좋다 해도 이것은 과장된 묘사는 아니었을까. 커낼과 커낼이 교차하는 곳에는 인공호라고 여겨지는 흑모양의 것도 그려져 있고, 그러한 것이 시간과 더불어 변화하고 있는 모습도 기록되어 있다.

로웰은 화성인이 있다는 선입관을 갖고 있었기에 커낼의 형태가 계절에 따라 바뀌었다고 보았다. 이러한 것이 가능하려면 화성인은 지구인보다 훨씬 고도의 문명을 갖고 있어야만 한다.

이러한 로웰의 관측 결과가 발표되어 사람들이 화성인의 존재에 관심을 보이기 시작할 무렵, 영국의 잡지 기자가 화성인 내습이라는 공상 과학 기사를 썼다. 그 내용이 너무나도 박진감이 있었으므로 많은 사람들이 그대로 믿어 버려 일대 센세이션이 일었다. 과학적으로 사물

을 생각하는 데 있어 선입관이 얼마나 무서운가를 나타내는 하나의
보기이다.

이때부터 문어 모양을 한 화성인의 모습이 그려지는 일이 많아졌
다. 보다 확실한 천문학적 관측이 반복되어 화성에 고도의 문명이 있
을 수 없다는 사실이 알려져도, 문어 같은 화성인의 존재는 사람들의
머리 속에서 지워지는 일은 없었다.

생명의 흔적도 없었다!

우주 시대의 도래로 인공 위성이 계속 발사되면서 드디어 1971년
에 화성 탐사기 마리나 9호가 화성 주변을 도는 궤도에 진입하였다.
화성 상공 약 100㎞부터의 관측은 지상의 어떤 망원경의 관측보다도
월등하였다. 화성 표면의 무늬는 여러 개나 새롭게 발견되었다.

화성의 표면은 지구보다 훨씬 기복이 심하고 높이 27㎞의 올림포스
산이 솟아 있다. 참고로 일본 후지 산의 높이는 3.7㎞이다. 화성에는
달에서 보는 것과 같은 분화구도 있으며 스키아파렐리나 로웰이 관찰
한 카나리에 해당하는 협곡도 파여 있었다. 그 구조로 보아 협곡들은
물의 흐름에 의해 만들어진 가능성도 생각할 수 있었으나 그 표면의
어디에도 물은 없었다.

1975년의 바이킹 1호, 2호의 탐사에서 화성의 생명의 존재에 대하
여 결정적이라고 할 수 있는 자료를 얻게 되었다. 바이킹이 화성 표면
에 연달아 착륙하니 화성의 하늘은 붉게 빛나고 있었다. 지상으로부터
의 스펙트럼 관측으로 나타나는 바와 같이 지구 대기의 수천분의 1
정도에 불과한 근소한 대기가 존재하고 있으나, 그 주성분은 탄산가스
이며 그것이 태양빛을 반사하므로 붉게 보였던 것이다. 또한 화성의
극지방(남극·북극)이 희게 빛나는 것은 탄산가스가 고형화한 드라이
아이스이고, 지구 양극의 얼음같이 넓어지는 것은 여름과 겨울에 따라
변하고 있었다.

그림 1-10 바이킹 2호는 화성 표면에서 흙을 채취하여 생명체의 존재를 실험
하였다.

화성의 흙을 채취하여 그것을 배양하는 실험도 실시되었다. 지상의
어떤 장소의 흙도 그것을 배양하면 미생물의 증식을 볼 수 있다. 화성
의 흙에서는 그런 일이 생기지 않았다. 또한 화학 분석을 하여도 생명
체의 기본이 될만한 분자를 검출할 수는 없었다. 바이킹 호가 조사한
흙 속에는 생명의 흔적도 없다는 사실이 명백하게 되었다.

화성의 생명체는 어디에 ?

화성에 생명체가 존재할 가능성은 전혀 없을까. 과학적인 연구만이
아니라 세상만사에 있어서 있다는 것을 증명하기는 쉬우나, 없다는 것
을 증명하기는 어렵다. 동물원에서 원숭이가 도망쳐 나왔다고 하자.
그 원숭이가 부근의 건물 속에 숨어 있는지 어떤지를 알려면 어떻게
해야만 좋을까. 우리가 건물 속에 들어가는 원숭이를 보았다면 그것은
분명히 있는 것이다. 1회의 관측으로 충분하다. 그러나 건물의 90%
를 조사해 보고 찾을 수 없다고 해도 결코 없다는 결론을 내릴 수는

없다. 먼저 조사가 끝난 방으로 원숭이가 이동할 수 없도록 하고 모든 방을 철저히 조사하여야만 한다.

마찬가지로 화성의 한 장소에 생명체가 없었다고 하여 화성 전체에도 없다고 결론을 내릴 수는 없다. 그러나 원숭이가 하루에 몇 번의 음식물을 섭취하는 습성을 갖고 있다는 것을 알고 있다면 상황은 크게 달라진다. 건물 내에서 원숭이가 먹을 음식물을 없애면, 원숭이는 반드시 먹이를 찾아 밖으로 나올 것이다. 화성 표면에는 지구의 생명체가 원하는 물이나 산소가 거의 없다. 이 사실과 바이킹 호의 실험을 연관시켜 보면 현재로는 화성 표면상에 생명체가 존재하지 않는다는 것은 거의 확실시된다.

그렇지만 과거의 화성에는 물이 존재하고 있었다는 것은 협곡이 형성된 방법으로 보아서도 분명하다. 과거에는 생명체가 있었다는 가능성을 부정할 수는 없는 것이다.

그렇다면 화성의 물은 어디로 갔을까. 그것은 시베리아의 동토 지대같이 화성 표면 밑에 영구 동토층으로서 보존되어 있을지도 모른다는 가능성이 지적되고 있다. 과거에 자라던 생명체는 이 동토층 속에서 살고 있을 것이라는 생각은 현재에도 남아 있다. 그러나 어쨌든 문명을 갖는 화성인이 존재하지 않은 것만은 분명하다.

4. 미묘한 균형 위에 서 있는 지구

지구 환경의 절박한 균형

화성에 생명이 존재하지 않는다는 것은 거의 확실하다. 한편 우리들의 지구에는 이 책을 읽을 정도의 지적 수준을 갖는 인간이라는 생명이 존재하고 있다. 이 차이는 어디에서 오는 것일까. 생명을 탄생시켜 유지하여 온 지구의 환경이란 어떤 것일까. 이것을 생각할 첫단계로 지구상의 생명이 어떠한 원소로 이루어져 있는가를 알아보자.

생명체의 구성에 있어서 가장 기본이 되는 것은 탄소 원자(C)이다.

탄소 그 자체는 흑연이나 다이아몬드같이 비교적 고온까지 고체 상태이지만, 다른 원자와 결합하여 분자를 이루면 대개는 휘발성이 되고 또한 물에 용해되기 쉬운 성질을 갖고 있다. 생명체를 유지하기 위한 화학 에너지로 전환하는 데도 가장 적합한 성질이라고 할 수 있다.

지구상에 양적으로 많은 것은 수소 원자(H)와 산소 원자(O)이나, 이 H와 O의 대부분은 H_2O, 즉 물 분자로서 존재하고 있다. 나중에도 설명하겠지만, 물은 생명이 존재하는 데 있어 불가결한 것이지만 생명을 구성하는 기본으로는 될 수 없다.

또, 다른 원소로서 탄소와 마찬가지로 다양한 화합물을 형성하는 것으로 규소(Si)가 있다. 그러나 규소의 화합물은 기화 온도가 높고 그 온도에서는 물이 분자로서 존재할 수 없다. 즉, 규소를 포함한 분자는 한번 형성되면 다시 한번 고온으로 가열하지 않는 한 화학 반응에 의해 다른 분자로 변화하는 것은 어렵다.

나중에도 상세히 설명하겠지만 우주에 존재하는 여러 가지 원소 중에서 그 비율이 가장 많은 것이 수소(H)이다. 이어서 헬륨(He), 산소(O), 탄소(C), 질소(N), 네온(Ne)이며, 그 중 헬륨과 네온은 다른 원자와 결합하기 어려운 불활성 원자이다. 기타 원소의 존재 비율은 크게 감소하여 마그네슘(Mg), 규소(Si), 철(Fe), 황(S)의 순이며 표 1에서 보는 바와 같다.

생명의 근간을 이루는 C, 또한 그 화합물을 용해시키는 물의 기본이 되는 H와 O가 헬륨을 제외하면 우주 속에서의 존재 비율이 가장 높다. 따라서, 생명은 어디에서나 자랄 가능성이 있는 것같이 여겨지나, 적어도 태양계에 있어서는 그렇지 않다. 생명이 탄생하기 위해서는 플러스 알파의 혜택받은 환경이 필요한 것이다.

금성, 지구, 화성의 가장 큰 차이는 표면 온도이다. 금성의 표면 온

표 1 우주에서의 원소의 존재 비율

	존재비		존재비
H	100000	Na	0.19
He	6950	Ni	0.15
O	67.6	Cr	0.05
C	37.1	P	0.03
N	11.7	Mn	0.03
Ne	10.8	Cl	0.02
Mg	3.33	K	0.013
Si	3.14	Ti	0.009
Fe	2.64	F	0.008
S	1.57	Zn	0.004
Ar	0.36	Cu	0.002
Al	0.27	Li	0.002
Ca	0.23		

도는 480℃나 되어 물은 모두 증발한다. 화성은 −20℃가 되어 반대로 모두 얼어버린다. 이러한 차이의 첫번째 원인은 태양으로부터의 거리이다. 거리가 가까우면 당연히 온도가 높고 멀면 낮게 마련이다. 그러나 표면 온도의 차이는 거리만에 의한 것은 아니다.

예를 들어 태양에서 여러 거리의 장소에 얼음 알맹이를 놓았다고 하자. 화성의 거리에서는 −200℃, 지구의 거리에서는 −170℃이다. 즉 지구를 현재와 같이 20℃ 정도의 표면 온도를 유지하려면 태양에서 받은 열을 놓치지 않기 위한 모포의 역할을 하는 것이 필요하다.

현재의 지구에서는 대기가 이 역할을 하고 있다. 태양빛이 지표를 가열하면 그 온도에 해당하는 적외선이 방사된다. 대기가 없다면 이 적외선은 그대로 우주공간으로 빠져 나가므로 지표를 냉각시키게 된다. 맑게 개인 겨울밤 다음 날의 아침은 몹시 차가우나, 흐린 날의 아침이 비교적 따뜻한 것은 구름이 모포의 역할을 하여 열이 적외선의 형태로 도망가는 것을 막아주고 있기 때문이다. 그리고 이 열방사는 매우 효율이 좋으므로, 가령 대기가 없는 달표면에서는 태양빛을 받는 부분은 130℃나 되나 그늘 부분에서는 −170℃가 되어 물이 있어도 얼고 만다.

지구의 대기에는 질소와 산소가 다량으로 함유되어 있다. 이러한 분자도 적외선을 흡수하므로 우주 공간으로 열이 탈출하는 것을 억제하고 있다. 그러나 이러한 분자보다 더욱 유효하게 모포의 역할을 다하는 것이 탄산 가스이다.

근년에 인류가 석유나 석탄을 태우므로 대기 중의 탄산가스 비율이 증가하여 그것이 원인으로 지구 전체의 온난화가 촉진되고 있다. 현재로서는 탄산가스의 증가 비율은 근소하므로 기온상승은 1~2℃ 정도에 불과하다. 그 균형이 좀 더 커진다면 지상도 금성 표면과 같이 물의 비등 온도를 초과하는 상태가 되고 만다.

안정한 것처럼 보이는 지구의 환경도 미묘한 균형 위에 이루어져 있다는 것을 깨달아야 한다.

공기는 왜 있는가

지구의 공기는 기체, 즉 가스이다. 고무 풍선 속의 가스는 고무로서 흩어지지 않도록 막혀져 있으나 고무가 찢어지면 사방으로 흩어진다. 지구의 대기도 마찬가지로 행성간 공간으로 흩어지지 않는 것은 지구의 인력으로 가스를 잡아 두고 있기 때문이다.

대기 중, 특히 대기 상층부의 가스 온도가 높아지면 대기를 구성하는 여러 가지 분자의 평균 속도가 빨라진다. 그리고 그 분자의 속도가 지구의 인력을 뿌리치는 탈출 속도(매초 약 11km)보다 빠르면 분자는 우주로 탈출한다. 예를 들어 수소는 가벼우므로―따라서 고속이므로―현재의 지구 온도로도 계속 탈출하고 있으나 탄소, 질소, 산소를 포함한 분자는 무겁기 때문에 거의 탈출하지 못한다.

지구 대기의 탄산 가스 비율이 증가하여 기온이 상승하여도 탄소,

균형이 조금이라도 흐트러지면…

질소, 산소를 포함한 분자를 우주 공간으로 방출하기까지는 좀처럼 쉽지 않다. 그러나 과거에는 그러한 시대가 있었다.

이것에 대해서도 나중에 상세히 설명하겠지만, 몇 십억 년이나 오래 전에 성간운, 즉 은하계 속의 가스 덩어리에서 태양이 형성되는 초기 단계의 태양의 밝기는 현재보다 100배 가까이나 되었다. 그러한 다량의 빛을 받으면 지구 온도는 당연히 상승하여 공기의 분자는 완전히 지구에서 방출되어 지구는 달과 같은 천체가 된다. 따라서 그와 같이 대기가 없는 지구에서 다시 현재와 같은 대기가 형성되지 않으면 지금의 지구 환경은 존립할 수 없게 된다.

그렇다고 태양이 현재의 밝기가 된 후에 다시 지구가 행성간 공간에서 가스를 집결시킨다는 것은 생각할 수조차 없다. 현재의 행성간 공간의 먼지의 밀도는 지구가 형성되었던 당시보다는 월등하게 낮아져 있기 때문이다. 그러므로 대기가 없어진 후에는 지구의 고체 부분에서 다시 가스가 생겨나 대기를 형성할 필요가 있었다.

물은 규소 등과 결합하여 함수화물(含水化物)을 이루고 고체의 상태로서 지구에 흡입되었다. 그리고 방사성 원소가 방출하는 에너지에 의해 지구 내부가 용암 상태를 이루면 고체 중에 포함되었던 물이 유리되었다. 이러한 수증기가 지구 표면에서 증발되어 대기를 형성하기 시작하였다. 더욱이 다량의 수증기가 응집한 단계에서 기온이 떨어지면 수증기는 비가 되어 바다나 호수를 형성하기 시작하였다.

이와 같이 지구 환경은 우주의 어디에나 존재하는 원소로서 형성되었다는 점에서는 특별한 것이 없다. 그러나 태양에서 다다르는 에너지의 변화—이를테면 태양이 탄생한 후 얼마동안은 현재의 100배나 밝았으며, 에도(江戶) 시대 초기에는 태양 흑점이 적었기 때문에 지구 온도가 낮아져 기근이 생기기도 하였다—를 고려한다면 생명의 발생에 연관되는 물을 오랫동안 액체의 상태로 보존하는 데는 미묘한 환경이었을 것은 분명한 것 같다.

5. 태양계는 왜 원반상인가

태양계는 무엇으로 이루어져 있는가

지구는 원래 생명을 탄생시킬 재료를 갖고 있었으며, 그러한 물질이 우주 속에 아주 흔하게 있다는 것은 이미 설명하였다. 그러나 생명을 탄생시키고, 유지하고, 진화시키기 위한 온도의 조건은 미묘하다. 생명의 재료를 용해하는 물이 지구 전체에서 수증기가 되거나 얼음이 되어서는 안되기 때문이다. 화성에도 물이 존재할 가능성은 높으나, 존재한다 하여도 저온으로 인해 영구 동토층에 갇혀 있어 생명의 발생, 진화를 유발시킬 수는 없다.

생명의 발생·진화에 있어 이상적인 지구와 같은 환경이 어떠한 상황하에서 형성될 수 있는가를 아는 것으로부터 제2의 지구의 가능성이 밝혀진다. 현재까지로는 태양계는 생명의 존재가 확실한 유일의 것이다. 그러므로 태양계의 구조를 밝히고 그 속에서의 지구의 위치가 어떤가를 논의하는 것이 중요하다.

태양계에는 태양에 가까운 쪽으로부터 순서대로 수성, 금성, 지구, 화성, 목성, 토성, 천왕성, 해왕성, 명왕성의 아홉 개의 행성이 있다. 이들은 명왕성을 제외하고는 모두가 거의 동일면 내에 있으므로(명왕성만이 그 면에서 17° 기울어진 곳에 있다), 이른바 태양계의 원반을 형성하고 있다.

그런데 각 행성의 태양으로부터의 거리를 보면 화성과 목성 사이가 비어 있는 것같이 되어 있다. 이 비어 있는 부분을 돌고 있는 천체를 처음으로 발견한 것이 1801년의 일로서 그것을 케레스(Ceres)라고 명명하였다. 이 천체의 지름은 1003km에 불과하며 9개의 행성에 비해 훨씬 작으므로 소행성이라고 불리었다. 이러한 소행성은 그 후에도 계속 발견되어 현재로는 5000개 가까이나 있다.

소행성의 대부분은 지름이 100km 이하이며 200km를 초과하는 것은

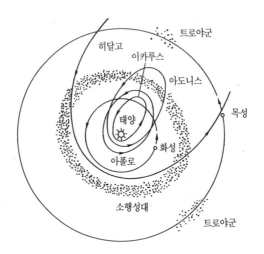

그림 1-11 소행성의 분포. 소행성대나 트로야군 이외에 찌그러진 타원 궤도의
히달고, 아도니스 등이 그려져 있다.

세레스, 베스타, 팔라스, 유노의 4개뿐이다. 이들은 그 소질량이기 때
문에 중력 작용이 약하며 대기는 전혀 존재하지 않는다. 모든 소행성
을 합쳐도 전(全)질량은 지구의 1000분의 1에 불과하다.

거의 5000개의 소행성 대부분이 태양계의 원반 속에 존재하고 있
다. 원반에서 아득하게 멀리 떨어진 곳을 돌고 있는 소행성도 있기는
하지만, 그들은 대부분이 화성보다는 안쪽에 이르거나 목성보다는 바
깥쪽에 이르는 찌그러진 타원 궤도를 유지하고 있다. 아마도 태양 이
외의 천체(주로 목성)의 인력 작용이나 소행성끼리의 충돌에 의해 초
기의 궤도가 크게 변한 것으로 여겨진다.

찌그러진 타원 궤도를 갖는 다른 태양계 천체로는 혜성이 있다. 타
원의 찌그러진 정도는 이심율(離心率)로 표현되나 이심율이 0이면 원
이고, 0에서 1까지 증가하는 데 따라 타원이 찌그러지며, 1에 이르면
포물선, 1을 초과하면 쌍곡선이 된다.

혜성 중에는 궤도의 이심율이 1을 초과하여 다시 태양 가까이로 되

돌아 오지 않는 것도 있으나 대부분은 이심율이 큰 타원 궤도이다. 이러한 혜성의 궤도면은 모든 방향을 향하고 있으므로 태양계의 원반과 전혀 관계없이 분포하는 것같이 보인다.

행성, 소행성에 이어지는 제3의 태양계의 구성 물질은 행성간 먼지이다. 가로등이 적고 공기가 맑은 곳에서 봄날 저녁의 서쪽 하늘을 보면 지평선에서 위쪽으로 빛의 띠가 뻗어 있는 것을 볼 수 있다. 태양계의 원반에 퍼진 행성간 먼지에 태양빛이 반사하여 빛나보이는 것이 빛의 띠인데 황도광(黃道光)이라고 불린다.

행성간 먼지는 지름 0.01mm 정도의 작은 것이다. 입자의 수는 지름이 작은 것일수록 많은데, 이 정도의 크기의 것이 빛을 효율적으로 반사한다. 황도광의 분포로 알 수 있듯이 행성간 먼지는 소행성과 같이 태양계의 원반부에 집중하여 있다.

충돌하는 소행성

혜성은 긴 꼬리가 있다는 것은 누구나 알고 있다. 꼬리는 2종류인데, 하나는 태양과 반대 방향으로 뻗은 가스의 꼬리이고 또 하나는 부채꼴 모양 같은 먼지의 꼬리이다. 혜성의 본체(핵)가 태양빛으로 가열되면 얼음 알맹이나 모래 알맹이 같은 물질을 방출한다. 그 중에서 기화하기 쉬운 분자는 가스로, 기화하지 않고 남은 것은 먼지가 되어 혜성의 궤도 근방에서 서서히 태양계 공간으로 퍼진다.

지금, 지구 궤도 가까이를 통하는 혜성 궤도가 있으면 혜성에서 방출된 먼지는 지구 대기에 충돌하여 유성으로서 빛을 발한다. 이때 먼지는 상당히 대량으로 뿌려지므로 1시간에 몇 십 개나 되는 유성이 흩어지는 유성우(流星雨)가 출현한다. 이 현상으로 보아서도 혜성이 태양계 공간에 먼지를 뿌린다는 사실을 알 수 있다.

그러나 황도광을 빛나게 하는 행성간 먼지는 혜성에서 방출된 것이 아니다. 바로 앞에서 설명한 바와 같이 혜성의 궤도면은 여러 방향이

그림 1-12 황도광

므로 태양계의 원반부에 집중하여 있지 않다. 원반부에 집중하여 분포하고 있는 것은 소행성이다.

유성에는 특정한 혜성과 관계가 있는 유성군과 산발적으로 흐르는 산재 유성이 있다. 산재 유성의 대부분은 소행성에서 기원한 것이다. 특히 화구(火球)라고 불리우는 것은 목성이나 금성같이 밝게 빛나고 때로는 미처 연소하지 못하고 운석으로 지상에 낙하하는데 그 모두가 소행성에서 기원한 것이다.

실은 행성간 먼지는 소행성이 파괴되어 형성된다. 소행성과 소행성이 충돌하므로 생기는 것이다. 흩어진 파편은 지구의 궤도에 이르러 지구 대기에 돌입하면 유성이 된다. 한편 태양계 속에는 태양에서 방출된 우주선(線)이 흩어지면서 교차하고 있다. 우주선은 광속에 가까운 속도로 날으는 수소나 헬륨의 원자핵인데, 이것이 소행성의 파편과 충돌하면 파편의 표면에 방사성 원소가 생겨난다. 계속적으로 생겨나는 방사성 원소의 양을 측정하면 파편의 표면이 우주선에 노출된 이

후부터의 연수(年數)를 구할 수 있다. 지상까지 낙하한 운석의 연령을 이 방법으로 구하여 보면 오래된 것부터 새로운 것까지 모두 일치하고 있다는 것을 알게 된다. 즉, 소행성은 지금도 계속 서로 충돌하여 행성간 먼지로서의 파편을 방출하고 있는 것이다.

목성 궤도의 안쪽과 바깥쪽

지금까지 설명했듯이 태양계를 구성하는 물체 중에 혜성 이외는 거의가 원반 속에 존재한다. 또한 원반 속의 질량은 거의 행성으로 되어 있다. 각각의 행성은 태양에서 서로 다른 거리상의 궤도를 돌고 있으므로 각 행성의 존재 범위를 정하고 그 속에 각 행성의 물질이 둥근 고리 모양으로 분포하고 있다면 각각의 거리에서의 밀도 분포는 그림 1-13에서 보는 바와 같다.

그림을 보면 밀도는 태양에 가까운 곳으로부터 서서히 감소하여 소행성 궤도에서 최저가 된다. 이처럼 되는 것은 가스 성운(성간 공간에서 비교적 밀도가 높은 가스 덩어리이며, 이런 것들이 수축하여 별이 형성된다)의 중심에 밀도가 높은 부분, 즉 태양이 형성되었으므로 당연한 것같이 여겨진다. 그러나 더 자세하게 보면 밀도는 목성의 부분에서 급격하게 상승하고 그것보다 바깥 쪽에서는 다시 감소하는 모양으로 되어 있다.

목성에서 이어지는 토성, 천왕성, 해왕성은 목성형 행성이라 불리며 어느 경우나 거대한 대기의 층이 존재한다. 그 대기에는 암모니아(NH_4), 메탄(CH_4) 등 휘발성의 가스가 다량으로 함유되어 있다. 수성, 금성, 지구, 화성, 거기에다 소행성(이들은 지구형 행성이라고 한다)은 암석질의 고체 표면을 갖고 있는 것에 반하여 목성형 행성의 중심부에는 아주 작은 규소나 철의 액체층이 있고, 그 바깥쪽에 작으나마 고체 부분을 갖고 있다. 그러나 그 성분은 가장 가벼운 수소 원자가 대기의 두터운 층에 의해 압박되어 고체화한 금속 수소이다. 이

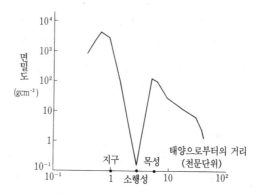

그림 1-13 태양계 속의 물질의 밀도 분포. 현재의 태양계 속의 천체를 둥근 고리 모양으로 분포하였을 때의 밀도 분포이다.

처럼 목성형 행성과 지구형 행성은 그 전(全)질량만이 아니라 조성에도 뚜렷한 차이를 볼 수 있다.

이와 비슷한 차이는 혜성과 소행성 사이에서도 볼 수 있다. 소행성은 운석에서 보는 바와 같이 암석질의 물질로 이루어져 있으나 혜성은 대부분이 휘발성의 물질이다. 혜성은 태양에서 몇 만 천문단위(1천문단위는 태양과 지구의 거리로 약 1억 5000만km)나 떨어진 극저온의 세계에서 도래하여 태양의 열에 의해 가열되어 휘발성의 물질을 방출한다.

여러 가지 혜성을 관측하면 흥미로운 사실을 알게 된다. 혜성이 태양에 가까워질 때, 목성 궤도로부터 안쪽이 될수록 '코마'라고 불리우는 가스상의 부분이 넓어지고 지구 궤도에서는 뚜렷하게 꼬리를 보이게 된다. 즉, 목성보다 안쪽으로 들어가면 혜성의 표면 온도가 휘발성 물질을 기화시키기에 충분한 높은 상태가 된다.

태양계의 초기 시대에는 성운 가스 속에는 휘발성 물질의 먼지도 불휘발성 물질의 먼지도 존재하고 있었을 것이다. 그러나 중심의 태양이 빛나기 시작하면서 태양에 가까운 쪽에서는 먼지의 온도가 상승하여 휘발성 물질로 이루어진 먼지는 기화하여 없어졌다. 그 경계가 지금의 소행성과 목성의 사이에 있었다고 보아진다. 휘발성 물질이라고 한마디로 말해도 당연히 기화 온도는 물질마다 다르므로 잔류하는 먼지의 성분은 태양으로부터의 거리에 의해 약간 다르다는 것도 생각할 수 있다. 결과적으로 목성보다 안쪽에 있는 지구형 행성은 불휘발성 물질로 이루어지는 암석질의 천체가 되었다.

한편, 목성보다 바깥쪽에서는 규소나 철 등보다는 월등하게 많이 존재하는 수소, 탄소, 질소, 산소를 포함한 분자로 이루어진 먼지를 모아 현재의 거대한 대기층을 갖는 천체로서 성장한 것이다.

필요조건으로서의 원반

행성은 태양의 둘레에 있던 먼지가 모여서 형성된 것이라는 것을 알게 되었다. 먼지가 모여 크게 되려면 먼지끼리 계속 충돌하여 서로 붙어버릴 정도로 밀도가 높아야 한다. 그러나 먼지가 태양 둘레에 구(球)모양으로 분포하고 있다면 충돌의 확률이 낮고, 먼지가 붙어서 크게 성장하는 것은 불가능하다.

그러므로 초기의 태양계 성운은 원반 모양을 이루고 있어서 먼지의 밀도는 높아질 수 있었다. 그리고 원반의 두께가 얇으면 얇을수록 먼지의 밀도는 높아진다. 다행히도 태양계를 형성한 가스 성운은 초기 단계에서는 아주 작게 전체적으로 회전하고 있다. 이때 가스 성운은 자체의 중력 작용에 의해 수축하는 단계에서 회전축에 대해 직각 방향으로 원심력이 작용하여 평행 방향보다 수축이 약간 늦어졌다. 즉, 구가 찌그러지므로 원시 태양계라 불리우는 단계에 이르렀을 때에는 원반상으로 되었다. 그 원반 속에는 가스와 먼지가 포함되어 있으나, 가스보다는 먼지 쪽이 더 빨리, 더 얇은 원반을 형성한다. 그 결과 먼지의 밀도가 높아지고 먼지끼리 충돌할 가능성이 높아진다. 그러므로 행성의 형성에 있어서 태양의 둘레에 원반을 형성하는 것은 필수 불

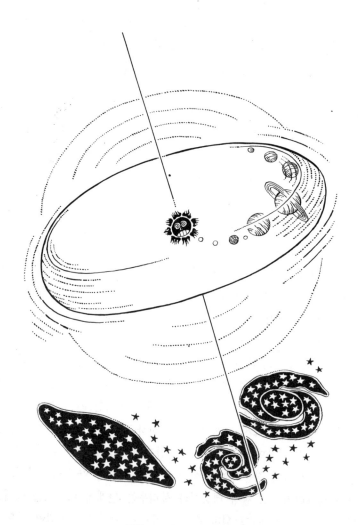

구가 찌그러져 원반상으로

가결한 조건이 되는 것이다.

6. 1983년의 발견

태양을 둘러싸는 먼지의 고리

천문학의 관측에는 항상 새로운 고안이 적용되고, 그 결과 새로운 성과가 계속 얻어지고 있다. 이제까지 설명한 내용과 직접 관계되는 것으로 1983년에 세 가지의 발견이 있었다.

첫째는 태양 주변의 먼지 고리의 검출이다. 태양계의 원반 속에 퍼져 있는 먼지가 태양빛을 반사하여 황도광으로 빛나 보인다는 것은 앞에서 설명하였다. 태양은 약 6000℃의 온도를 유지하고 있으므로 철이든 암석이든 어떠한 불휘발성 물질도 고체로는 존재할 수 없고 기화하여 분산된 원자가 되고 만다. 그러므로 태양의 어느 정도 가까운 곳까지 물질이 먼지로서 존재하는가에 큰 관심이 쏠려 있었다.

6월 21일에 인도네시아 자바 섬의 개기 일식 때, 필자 등은 기구를 사용하여 관측 기재를 28km나 되는 상공으로 올려, 태양 반지름의 4배 정도되는 곳에 있는 먼지로부터의 반사광을 처음으로 관측하였다. 그 전까지는 적외선의 관측으로 이 부분에 있는 먼지가 태양빛에 의해 수백℃로 가열되고, 그 결과 가열된 온도에 대응하여 방사되는 적외선이 포착되고 있었다. 그러나 적외선의 방사량은 먼지 입자의 온도에 따라 크게 차이나므로 약간 바깥 쪽에 있는 온도가 낮은 곳에 있는 먼지의 존재는 확인하기가 어려웠다.

태양 반지름의 4배가 되는 곳에 있는 먼지의 반사광('F코로나'라고 한다)은 황도광보다 훨씬 밝다. 황도광은 태양이 진 후의 초저녁의 하늘을 배경으로 하고 있으므로 찾기는 어렵지 않으나, 태양 곁에 있는 F코로나는 낮의 하늘을 배경으로 하고 있으므로 거의 볼 수 없다. 또

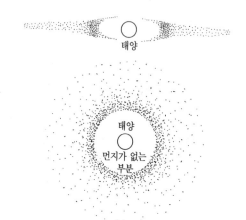

그림 1-14 태양 주변의 먼지의 고리

한 개기 일식 중에도 태양빛이 공기 분자에 의해 산란되어 F코로나와 같은 정도로 밝게 빛나고 있으므로 지상에서의 관측은 어렵다. 대기에 의한 산란광을 감소시키기 위해 상공으로 관측 기재를 갖고 올라가 드디어 이 관측은 가능하게 되었다.

결론만을 말한다면 태양계 원반 속의 태양 반지름 4배의 거리 주변에 도너츠 모양으로 먼지의 밀도가 높은 부분이 존재하고 있었다. 그 질량은 전부 합쳐도 지구 질량의 100만분의 1 정도이나 지구 근방의 먼지 밀도에 비하면 1만 배나 큰 값이었다.

가스 성운에는 성간 먼지라고 불리는 먼지도 포함되어 있다. 태양계는 그러한 먼지가 수축하여 형성된 것이므로 원시 태양계 성운에는 당연히 먼지가 포함되어 있다. 그러나 필자 등이 관측한 것은 이런 유형의 먼지가 아니다. 그 이유는 태양이 빛나기 시작하였을 때, 목성보다 안쪽에 있던 휘발성의 물질로 된 먼지는 기화하였고 불휘발성의 먼지도 다음에 설명하는 바와 같은 원인으로 없어졌기 때문이다.

포인팅·로버트슨 효과

행성간 먼지와 같은 0.01mm보다 작은 입자가 태양 둘레를 돌고 있을 때에는 얼핏 보면 기이한 모양을 그린다. 나선을 그리면서 서서히 태양을 향해 낙하해 간다.

빛은 광자라고 불리는 1종의 입자로 작용한다. 빛은 고속이기는 하나 초속 30만km라는 유한의 속도를 갖고 있다. 그러므로 태양의 둘레를 매초 수십km로 돌고 있는 입자는 태양에서 방사상으로 방사된 광자가 약간 비스듬하게 전방에서 닿는 것같이 작용한다. 이것은 자동차나 전철을 타고 있으면 실제로는 곧게 떨어지는 비가 비스듬히 전방에서 오는 것처럼 보이는 것과 같은 현상이다.

입자는 태양 둘레를 도는 각(角)운동량을 빛에 의해 약간 잃고, 그 결과 약간 안쪽의 궤도로 옮기게 된다. 그리고 태양에서는 계속 빛이 방사되므로 입자는 나선을 그리면서 태양 방향으로 낙하한다. 이것을 포인팅·로버트슨 효과라고 부른다.

지구 근방의 거리에서 태양의 둘레를 돌고 있는 행성간 먼지에 대해 포인팅·로버트슨 효과를 계산하여 보니 태양까지 낙하하는 데 약 1만 년이 걸린다. 그럼에도 불구하고 우리들이 발견했듯이 태양계가 탄생한 후 46억 년이 지난 현재에도 행성간 먼지가 존재하고 있다는 사실에서 행성간 먼지는 항상 어디에서나 생긴다고 보아야 할 것이다.

그리하여 개개의 입자 운동을 추적한 계산을 하였다. 그 결과 얻어진 몇 가지 유형의 입자로서 전형적인 예를 그림 1-15에 나타내었다.

서서히 태양으로 접근한 먼지는 약간씩 온도가 상승한다. 그리고 각각의 유형에 맞는 승화 온도에 이르면 입자의 반지름은 작아지기 시작한다. 반지름이 0.001mm 이하가 되면 태양으로부터의 광자의 압력이 강해져, 포인팅·로버트슨 효과를 부정할 정도까지 되어 태양에서 일정한 거리의 균형을 유지한다. 거기에서 먼지는 잠시동안 안정하게 돌고 있으나, 승화가 진행되어 반지름이 0.0001mm 정도까지 되면 이

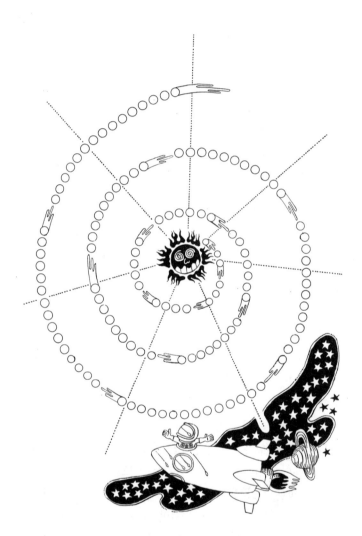

포인팅·로버트슨 효과

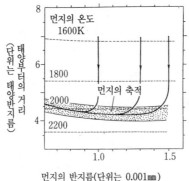

그림 1-15 먼지 입자의 운동. 행성간 먼지는 서서히 태양의 방향으로 낙하하여
일정한 거리에 이르면 승화하기 시작한다. 입자의 반지름이 작아지
면 방사압이 압축되어 일정한 거리에서 회전한다.

번에는 광자압이 강해져 먼지는 방사상으로 흩어지게 된다.

실제로 아폴로 우주선이 달에서 채취한 암석을 조사하여 보면 태양
의 빛을 받는 면에 0.01mm 정도의 구멍(마이크로·크레이터라고 불린
다)이 무수하게 뚫려 있었다. 이것은 태양 근방에서 흩어진 먼지가 충
돌하여 생긴 구멍이다.

결국 그러한 것들을 고려하면 태양의 주변에 고리 모양으로 분포하
고 있던 먼지는 태양계 원반부에서 계속적으로 공급된 것이라고 볼
수 있다. 아마도 소행성끼리든가 그 파편이 충돌하여 가루가 된 것일
것이다.

원반의 발견

두번째의 발견은 원시별의 둘레에서 분자운의 원반을 찾아낸 것이
다. 원시별은 성간운이 수축하여 형성된다. 비교적 밀도가 높은 성간
운에서는 원자가 결합하여 분자를 이루고 있으므로 분자운이라고도
불린다. 그리고 탄생하여 100만 년도 지나지 않은 젊은 별의 둘레에

는 반드시 분자운이 존재하고 있다.

여기서 100만 년 정도 젊다고 하였는데 가시광으로 볼 수 있는 보통의 별에는 100억 년을 경과한 것부터 10만 년 정도의 젊은 별까지 여러 연령의 것이 있다. 은하계 내에서는 오리온 성운의 중심에 있는 트라페지움(Trapezium)이라 불리는 4개의 별이 가장 젊고 그 연령은 약 10만 년이다.

분자운에는 분자만이 아니라 성간 먼지도 포함되어 있다. 성간 먼지는 빛을 흡수하므로 밀도가 높은 분자운 속에 별이 있어도 그 빛은 흡수되어 거의 밖으로 나오지 않는다. 별은 분자운 속에서 탄생하므로 별로서 빛나기 시작할 때에는 가시광으로 보이지 않는 것은 당연하다. 가시광으로 볼 수 있으려면 별은 일정 기간 동안 안정하게 빛나고 주위의 분자운이 걷힐 때까지 시간이 필요하다.

젊은 트라페지움을 함유하는 오리온 성운의 방향을 적외선으로 보면 가시광으로는 보이지 않는 점원(点源)이 수없이 관측된다. 그 중에는 방사의 총에너지가 트라페지움 별보다 큰 IRC 2라는 천체가 있다. 이 천체를 상세히 조사하니 별로서 빛나기 시작하여 아직 1000년도 경과하지 않았다는 사실이 판명되었다.

이 어린 별의 주변을 노베야마 산(野邊山) 전파 관측소의 구경 45m 전파 망원경으로 관측하여 SO분자(일산화황)나 CS분자(일황화탄소)의 분포를 구할 수 있었다. 그 분자의 분포는 그림 1-16에서 보는 바와 같이 원반을 비스듬히 옆에서 본 모양을 하고 있다.

또한, H_2분자나 HCO^+분자(포름알데히드 이온. 이것은 비교적 온도가 높은 가스의 존재를 나타낸다)를 관찰하면 원반과 직각의 두 방향에서 가스가 분출하는 것을 볼 수 있었다.

이 두 가지 사실을 종합하면 원반의 중심부에 있는 별 IRC 2에서 분출한 가스가 원반 방향으로는 퍼지지 못하고 원반에 대해 직각의 두 방향으로 퍼진다는 결과가 된다.

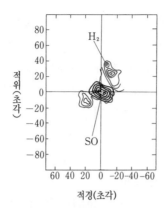

그림 1-16 오리온의 적외선원 IRC 2의 H₂분자(가는 선)와
SO분자(두꺼운 선)의 강도분포

우리들의 원시 태양계 성운에서도 태양이 빛나기 시작하였을 때는
가스와 먼지의 원반이 형성되어 있었다. 그것과 비슷한 원반이 IRC 2
라는 탄생하기 시작한 별의 주변에서 발견된 것이다. IRC 2는 질량이
태양의 약 40배가 되는 큰 별이다. 이와 같이 큰 별이 형성되는 데는
거대한 가스운이 필요하므로 별에 흡수되지 않고 원반부에 잔류한 가
스의 양도 많았다. 그러므로 지구로부터 관측이 가능하였다.

한편, 이러한 고질량의 별이 생성되는 확률은 적고 관측적으로 원반
을 직접 포착하는 일은 어렵다. 그러나 원반에서 제트식으로 분출하는
분자는 원반 속을 비교적 조용하게 회전하는 분자보다는 에너지가 높
으므로 관측으로 포착되기 쉽다. 실제로 가스가 양쪽 방향으로 분출하
는 것같이 보이는 쌍극류(雙極流)라 불리는 천체가 100개 이상이나
발견되어 있다. 쌍극류의 중심에는 별이 있고 그 주변에 원반이 있다
는 것은 확실시되고 있다.

한가지 주의해야 할 점은 IRC 2의 주변에 있는 원반 그 자체는 행
성계의 형성하고는 무관하다는 것이다. IRC 2 둘레의 원반에서는 먼
지 입자가 적외선을 방사하고 있다. 행성을 형성하는 데는 이 먼지 입

자가 충분히 모여져야 하는데, IRC 2는 그것에 필요한 시간의 여유가 없다. IRC 2는 고질량이므로 그 수명은 수백만 년에 불과하여 도저히 행성계를 형성하기까지는 이를 수가 없기 때문이다. 그러나 쌍극류를 볼 수 있는 다른 많은 중심 천체 속에는 태양 정도의 질량을 갖는 행성도 있을 것이다. 그리고 원시 태양계 천체와 같은 모습의 행성이 존재할 가능성도 높다.

적외선으로 포착한 먼지의 원반

세번째의 발견은 거문고자리(Lura)의 1등성 베가의 둘레에서 먼지의 원반을 발견한 것이다. 행성간 먼지의 경우도 마찬가지지만 먼지는 중심의 별에서 방사되는 빛의 에너지를 흡수하여 온도가 상승한다.

온도가 상승한 먼지입자는 온도의 4제곱에 비례한 에너지를 방사하여 에너지의 유입과 유출이 균형을 이루는 온도에 이르면 안정된다.

별 둘레에 있는 먼지 입자의 온도로는 에너지가 중간 적외선 (파장 $10\mu m$ 전후의 적외선)으로 방사된다. 보통 가장 강하게 방사되는 적외선의 파장은 온도에 반비례하며, 30K에서 파장 $100\mu m$의 적외선을 가장 강하게 방사하고, 300K에서는 $10\mu m$의 적외선을 가장 강하게 방사한다.

그러나 지구에는 공기가 있다. 가시광이라도 수증기 등으로 형성된 구름이 있으면 지상까지 도달하지 못하며 파장 $10\mu m$보다 긴 적외선은 이산화탄소 등의 가스에 흡수되므로 쾌청할 때라도 지상에 도달하지 못한다. 그러므로 적외선 망원경을 탑재한 아일러스 위성을 발사하여 $10\mu m$, $25\mu m$, $50\mu m$, $100\mu m$의 4파장으로 온 하늘을 빈틈없이 관측하였다. 그 결과 이제까지 극히 보통의 별로 여겼던 베가의 주변에서 방사되는 적외선을 포착하였다.

그 적외선의 강도로 보아 베가 둘레의 먼지온도는 80K였다. 태양계의 경우, 이 값은 먼지가 목성 정도의 거리에 있는 것에 해당한다. 베가는 태양의 100배 이상의 에너지를 방출하고 있으므로 먼지가 존재하는 장소는 베가에서 수십 천문단위의 곳이 된다. 이 값은 적외선을 방사하고 있는 영역이 10초각 정도로 퍼져 있는 것으로부터 구할 수 있으므로 잘 일치하고 있다.

보통의 별에도 먼지의 층이…

이런 곳에도 콜럼버스의 계란은 존재한다.

앞에서도 설명한 바와 같이 갓 태어나기 시작한 젊은 별의 주변에는 성간운에 원래 있었던 성간 먼지가 별의 빛에 의해 가열되어 적외선을 방사한다. 이러한 사실은 이미 상세하게 조사되어 있었으나, 베가와 같이 성장한 보통의 별 주변에서 적외선이 방사되리라고는 생각하지도 못했다.

아일러스 위성에 의해 베가의 주변에서 적외선이 발견되므로 지상에서도 관측 가능한 파장 3μm나 10μm로 관측이 시작되었다.

베가 주위의 80K의 먼지 입자는 파장 약 40μm를 최고로 하는 적외선을 방사한다. 그러나 강도는 감소하나 파장이 짧은 적외선도 방사하고 있다. 중심별의 온도는 1만℃에 가까우므로 가시광으로 보면 밝으나 적외선으로는 상대적으로 어둡다. 그렇지만 파장 10μm 정도라는 것은 아일러스가 발견한 먼지의 방사보다도 강한 방사이다.

거기에 있다는 것을 알기만 하면 여러 가지 방안을 적용할 수 있다. 그 하나는 망원경의 초점상에서 별의 부분만을 가리고 관측하는 것이다. 그러나 방사가 약하므로 장시간의 노출이 필요하다. 그 결과로 별의 주변의 먼지층을 포착할 수 있었다. 그림 1-17은 이젤자리(Pictor)의 베타별에서 검게 나타난 중심별의 가린 부분을 꼬챙이로 꿰뚫은 모양으로 먼지가 분포하고 있는 것을 볼 수 있다.

이러한 별은 남쪽 물고기자리(Pisces)의 알파별을 포함하여 세 개가 발견되었으며 모두가 종전에는 아무런 명칭도 없는 보통의 별로

그림 1-17 이젤자리의 베타별.
중심별을 꿰뚫은 직선상에 적외선의 강한 분포를 볼 수 있다.

여겨졌던 것이다. 이런 사실로 보아 거의 모든 별의 주변에는 먼지층
이 남아 있다고 하여도 틀린 말은 아니다.

　다시 한번 주의할 것은 이러한 별의 주위에 있는 먼지는 중심별부
터의 거리가 멀므로 행성을 형성하기는 어렵고, 혹시 행성이 형성된다
하여도 도저히 생명의 탄생까지는 이르지 못할 것이라는 점이다. 베가
와 같이 태양 질량의 3배가 되는 무거운 별의 수명은 겨우 1억 년 정
도에 불과하므로 생명이 형성되기 이전에 에너지원인 중심별이 없어
지기 때문이다.

　어쨌든 1983년의 세 가지 관측에 의해 별 주변에 있는 먼지의 성질
이 상세하게 밝혀졌으므로 행성의 형성 문제를 해명하기 위한 첫발을
내디딘 셈이 된다.

　그 후, 10년 가까이의 세월 동안에 계속 자료가 축적되었으므로 다

음 단계를 내디딜 날도 그리 멀지 않을 것이다.

제 **2** 장
함께 가는 별

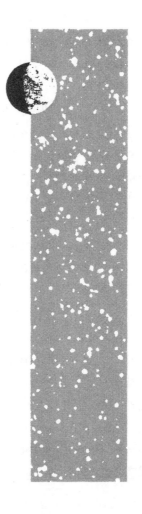

1. 시리우스의 보이지 않는 별

연주 시차의 발견

온 하늘에서 가장 밝은 별은 큰개자리(Canis Major)의 1등성 시리우스이다. 오리온자리(Orion)의 1등성 베텔규스와 작은개자리(Canis Minor)의 1등성 프로키온과 함께 겨울의 남쪽 밤하늘에 큰 세모꼴을 형성하고 있다. 가로등이 즐비한 시가지에서도 그 별은 쉽게 찾아 볼 수 있다.

시리우스는 청백색으로 빛나는 별이다. 마이너스 1.5등급으로 화성이나 토성보다 밝고 목성과 겨눌 만한 밝기를 갖고 있다. 행성을 망원경으로 보면 원반상으로 넓게 보이나 시리우스와 같은 항성은 점모양으로만 보인다. 그러므로 별의 모든 빛이 한 점으로 집중하여 번쩍번쩍 빛나는 것같이 보인다.

16세기에 코페르니쿠스(N. Copernicus)는 태양을 중심으로 하는 지동설을 제창하였다. 그때까지 믿고 있던 천동설은 지구의 둘레를 행성이 돌고 있다고 생각하였으나 지동설은 태양의 둘레를 지구가 돌고 있다는 것이다. 1666년에 뉴턴(I. Newton)이 만유 인력의 법칙을 발견하여 태양의 둘레의 행성 운동을 이론적으로 설명할 수 있게 되었다. 이 법칙에 의해 핼리 혜성 등 많은 혜성의 운동도 설명되고 지동설의 정당성이 증명되었다.

지구가 태양의 주변을 돌고 있다는 것을 나타내는 직접적인 증거는 별의 연주 시차(지구에서 별을 볼 때의 각도가 계절에 따라 변하는 것)를 관측하는 것이다. 16세기의 위대한 관측가였던 티코 브라헤(Tycho Brache)는 천동설을 믿고 있었다. 그는 당시로서는 최고의 정밀도로 시차의 측정을 시도하였으나 별의 위치 변화는 검출하지 못하였다. 그러므로 그는 지구가 움직일 수 있는 까닭은 없다고 결론지었다. 그리고 뉴턴 이후로 많은 관측자가 노력했음에도 불구하고 연주 시차의 검출에는 성공하지 못하였다.

항성의 연주 시차가 발견된 것은 1839년의 일이다. 베셀(F. W. Bessel), 헨더슨(Henderson), 스트루베(Struve)가 같은 해에 각각 독립적으로 백조자리(Cygnus)의 61번별, 센타우루스자리(Centaurus)의 알파별, 베가별의 연주 시차를 각각 0.29초각, 0.76초각, 0.12초각으로 결정하였다. 별의 빛이 지구의 대기를 통과하면 공기의 흔들림 때문에 성상이 1초각이나 퍼지는데, 그 퍼지는 각도보다도 훨씬 작은 각도로 위치 결정을 하였다는 것은 놀라운 사실이다. 티코 브라헤 시대에는 망원경도 없고 겨우 1분각의 위치 결정 정밀도에 그쳤다. 이것으로 연주 시차를 검출할 수 없었던 것은 당연하였을 것이다.

흔들리는 시리우스

베셀 등이 성공하기에는 오랜 세월에 걸친 정밀한 관측이 필요하였다. 가까이에 있는 별이 연주 시차가 크고 측정하기 쉬우므로 가깝다고 여겨지는 별을 선택할 필요가 있었다. 1800년경에 은하계의 모델을 제창한 허셜(Herschel)은 모든 별의 원래의 밝기 (그 별을 32.6 광년의 위치에 놓았을 때의 등급을 가리킨다. 절대등급이라 한다)는 같다고 가정하고 거리를 계산하였다. 그 후의 연구로 별의 원래의 밝기는 별마다 다르다는 것이 판명되었으나, 어쨌든 평균적으로 밝은 별이 거리가 가까운 것은 확실하다.

베셀이 최초로 선택한 별은 시리우스와 프로키온이었다. 현재 이들 별의 연주 시차는 각각 0.38초각과 0.29초각으로 알려져 있다. 기술적으로 생각해도 베셀이 최초로 연주 시차를 결정한 별이 이들 두 별이 아니었다는 것이 이상하게 여겨진다. 그 답은 1844년의 그의 논문에 의해 해명되었다.

같은 거리라면 같은 밝기?

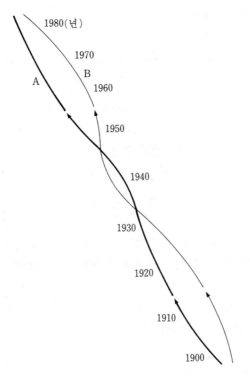

그림 2-1 시리우스의 움직임. 굵은 선은 시리우스(시리우스A)의 경로를,
가는 선은 동반성(시리우스B)의 경로를 나타낸다.

연주 시차를 구하려면 아득하게 멀리 있는 별을 배경으로 하여 목
적하는 별의 위치를 측정한다. 별은 각각 상대적인 위치 관계를 변화
시켜, 지구에서 보면 1년 동안 타원상(황도상에서는 직선으로 또한 황
도의 극에서는 원이 된다)으로 일주한다. 이 타원의 긴 반지름에 대응
하는 각도(초)가 연주 시차이다.

베셀은 관측하여 보니 시리우스, 프로키온 모두 1년이 경과하여도
원래의 위치로 되돌아오지 않았다. 그러므로 그는 무엇인가 측정상의
착오가 있을 것이라고 여겨 다른 천체를 선택하기로 하고 백조자리

61번별의 연주 시차를 구하다가 드디어 검출에 성공하였다. 그러나 시리우스와 프로키온의 관측도 중단없이 계속하였다.

실은 시리우스와 프로키온은 고유 운동을 나타내고 있었다. 먼 곳에 있는 많은 별을 배경으로 하는 이러한 별의 고유 운동은 이미 1718년에 핼리(E. Halley)는 알고 있었으며, 예를 들면 목자자리(Bootes)의 1등성 아아크투루스가 매년 20초각 이상이나 움직인다는 것을 밝혔다. 그러나 베셀 이전에 발견된 것은 모두가 직선운동이었다. 시리우스나 프로키온은 사행(蛇行) 운동을 하고 있었으므로 베셀은 망설이다가 연주 시차를 결정할 수 없었다.

그림 2-1은 베셀 이후의 정밀도가 좋은 자료를 종합한 결과이다. 천구상의 시리우스의 움직임이 굵은 실선으로 나타내어 있다. 그 움직임은 어쩐지 2개의 별이 돌면서 마주치며 일정 방향을 진행하는 것 같이 보인다. 그리고 상대되는 천체가 가는 실선 부분을 움직이고 있다고 보면 논의는 정연해진다. 이것이 시리우스가 다음 절에 상세하게 설명할 쌍성(雙星)이라는 근거가 되는 것이다.

사소하지만 무거운 별

베셀 등은 시리우스의 주변을 상세하게 관측하였으나 별은 찾을 수 없었다. 시리우스의 주위에는 분명하게 눈에 보이지 않는 별(동반성)이 있어야 하는데 그것이 자체로는 빛을 발하지 않는 행성이 아닐까.

시리우스는 매우 밝은 별이므로 망원경으로 보면 빛이 크게 퍼져 동반성이 존재하는 부근까지 뻗어 있다. 또한 태양계를 다른 별의 세계로부터 보면 목성은 태양의 10억분의 1의 밝기에 불과하다. 다른 별도 이와 비슷하다면 보통의 방법으로 행성을 찾는다는 것은 불가능하다.

1862년에 클라크(Clarke)는 8.5등급으로 빛나는 시리우스의 동반성을 드디어 발견하였다. 그는 시리우스의 빛을 피하기 위한 좋은 발

그림 2-2 구상 성단의 위에 보이는 별의 십자형.
빛의 방향은 망원경의 제2경이 달리는 막대기의 방향과 일치하고 있다.

상이 떠올랐다. 반사 망원경으로 천체 사진을 찍은 일이 있는 사람이라면 자주 경험하는 일이지만, 그림 2-2에서 보는 것처럼 별 주변에는 십자 표지가 있다. 이것은 빛이 파동의 성질을 갖고 있기 때문에 생긴다. 클라크는 굴절 망원경의 대물 렌즈 앞에 십자의 막대기를 놓고(그림 2-3), 그것을 서서히 회전하면서 관측하였다. 그리고 십자로 뻗은 빛의 사이에서 희미하게 빛나는 동반성을 찾아낸 것이다.

동반성은 주성보다 10등급이나 어두우나 행성보다는 훨씬 밝은 것이다. 2개 별의 궤도 운동을 알면 주성과 동반성의 질량비가 구해지는데 시리우스의 경우 동반성의 질량은 주성의 2분의 1이었다. 그런데도 불구하고 10등급, 즉 1만분의 1의 밝기이다.

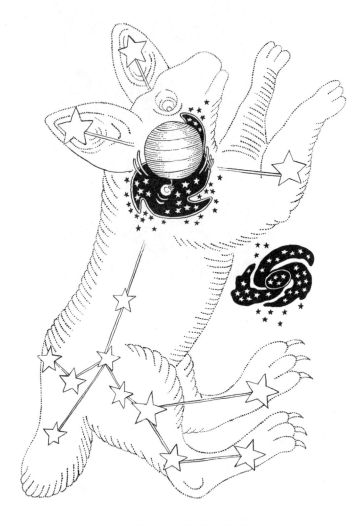

시리우스에 동반성이 있었다!

그림 2-3 대물경의 앞에 설치한 십자의 막대기

별의 밝기는 지구에서 별까지 거리의 2제곱에 반비례하며 별 반지름의 2제곱 및 별 표면 온도의 4제곱에 비례한다. 주성과 동반성은 지구로부터 같은 거리에 있으므로 거리에 영향받지 않는다. 20세기에 이르러 별의 표면 온도를 구하여 시리우스의 주성은 1만℃, 동반성은 1만 5000℃로 판명되었다. 같은 반지름이면 동반성이 1등급 정도 밝은 셈이다. 결국 동반성의 반지름은 주성의 200분의 1로서 지구 정도의 크기에 불과하며 밀도는 주성의 1000만 배라는 결과가 된다. 각설탕 1개의 크기인데 코끼리보다 무거운 100t이나 되는 셈이다.

시리우스에 이어 프로키온의 동반성도 같은 방법으로 발견되었으며 그 밀도도 거의 같은 값이었다. 이러한 별들은 백색 왜성으로 불리어지는 천체로서 태양 정도 별의 전성기에 해당하며 바깥층의 가스를

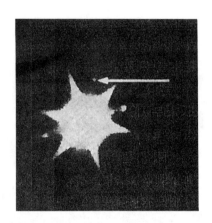

그림 2-4 시리우스와 그 동반성(화살표의 끝). 시리우스가 기묘한 모양으로
촬영된 것은 망원경의 특수한 6각형 조리개 때문이다.

방출한 후에 남은 중심핵이라는 것을 알게 되었다. 그것은 20세기 중
반쯤의 일이었다. 원자에서는 원자핵 주변을 전자가 돌고 있다. 그리
고 원자핵끼리는 양의 전하를 띠고 있으므로 서로가 반발한다. 그러나
백색 왜성은 별 전체가 강한 자기 중력에 의해 밀어내어 원자핵끼리
접촉할 정도이다. 시리우스의 동반성은 이렇게 특수한 종류의 천체인
것이다.

　시리우스의 보이지 않는 천체는 행성은 아니었으나 다른 별의 주변
에 있는 행성을 검출하는 하나의 방법을 제시하였다는 점에서 중요한
역할을 하였다.

2. 이중성의 속에서

쌍을 이룬 별

　다른, 즉 태양 이외의 별의 행성계를 처음부터 찾기란 어렵다. 발견

의 첫단계는 쌍을 이룬 별이 어떤 성질을 갖고 있는가를 조사하는 일
이다. 이 절에서는 그러한 별의 연구가 어떻게 이루어져 왔는가를 설
명하기로 하자.

이중성에 관한 기술로서 최초의 것은 기원전 2세기의 프톨레마이오
스(Ptolemaios)의 카탈로그였다. 그 두 별은 현재 궁수자리(Sagit-
tarius)의 ν_1 및 ν_2로 불리우며, 서로가 14초각 떨어져 있다. 아랍인
의 기록에는 큰곰자리(Ursa Major)의 국자의 자루 부분에 있는 미자
르와 알코르의 두 별로 나타나 있다. 그렇지만 이러한 이중성은 어느
것이나 겉보기에 가깝게 보이는 것이지, 서로가 물리적으로 관계되어
있는 것은 아니었다(그림 2-5).

망원경이 발명된 후인 1619년에 오리온 성운의 중앙부에 4개의 별
이 모여 있는 것이 발견되었다(그림 2-6). 각각의 별은 10초각 정도
밖에 떨어져 있지 않고, 현재로는 성운의 중심부에서 수십만년 전에
동시에 탄생된 것이라는 사실이 알려져 있다.

그러나 오리온 성운까지의 거리는 1500광년(1광년은 빛이 1년 동
안에 가는 거리인데, 약 10만 천문단위이다)이나 되나 서로의 실제거
리는 1만 천문단위가 된다. 이것은 태양을 기준한다면 수없이 많은 혜
성이 있다고 하는 오르트의 구름까지의 거리에 해당한다. 서로의 움직
임은 극히 미소하므로 과거의 관측으로는 거의 검출할 수 없었다.

17세기에는 여러 개의 이중성이 망원경에 의해 발견되었다. 큰곰자
리의 미자르, 센타우루스자리(Centaurus)의 알파별, 남십자자리(Cr-
ux)의 알파별, 쌍둥이자리(Gemini)의 알파별(카스토르), 처녀자리
(Virgo)의 감마별 등이었다. 그리고 18세기에 이르러 그 수가 증가함
에 따라 이중성이 천구상에서 우연히 같은 방향에서 보이는 것이 아
니라 중력의 작용으로 결합된 쌍성(雙星)이라고 생각하게 되었다.

68

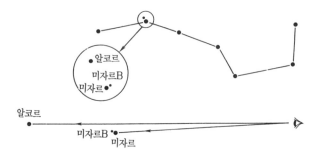

그림 2-5 큰곰자리의 국자의 자루 부분에 있는 알코르와 미자르.
이 두 별은 이중성같이 보이나, 실은 그렇지 않다.

그림 2-6 오리온 성운의 중앙에 보이는 4개의 별

허셜의 딜레마

18세기에는 별과 별사이의 거리는 아직 결정되어 있지 않았으며 태양계의 밖에 있는 항성계에 주목하는 천문학자도 전혀 없었다. 허셜은 우주의 확대에 대하여 고찰한 최초의 학자이다. 앞에도 언급했듯이, 그는 모든 별의 밝기는 일정하다고 가정하여 여러 별의 거리를 정하고 그 분포를 구하였다. 만일 그의 가정이 옳다면 거리의 절대값은 결정되지 않더라도 별들의 분포는 정확하다는 결론이 된다.

허셜도 이중성의 존재에 주목하여 1780년 전후에 2개의 이중성 카탈로그를 발표하였다. 그 후에도 주의 깊은 관측을 계속하여 1804년에 그 개정판을 출판하였다. 그러나 그러한 자료를 한참 종합하고 있던 1801년에 몇 개의 이중성이 서로의 위치 관계가 변하고 있다는 사실을 깨닫게 되었다. 특히 쌍둥이자리의 카스토르의 움직임은 특징적이며 명확하게 궤도 운동을 나타내고 있었다.

허셜의 이 두 발견은 후에 항성계나 은하계의 연구가 발전하는데 중요한 첫발이었다고 할 수 있다. 그러나 그 내용은 서로 모순이므로 허셜 자신도 당혹할 수밖에 없었던 것 같다. 즉, 우주의 크기를 측정하려고 할 때는 모든 별의 원래의 밝기는 같다고 가정했음에도 불구하고 밝기가 다른 한 쌍의 별이 사실은 같은 거리에 있다는 관측 결과를 얻었기 때문이다.

우주의 넓이와 모양에 관한 허셜의 학설 자체가 후에 크게 수정되게 되나, 항성계의 넓이가 유한하다는 것을 제시한 것은 중요하며 그것으로부터 현재의 은하계라는 개념이 유도되었다.

해명되는 이중성

이중성 중에서 궤도 운동을 나타내는 쌍성은 몇 개인가 발견되었으나 20세기 초엽까지는 그 수가 그리 많지 않았다. 현재는 대략 7만 5000개의 별이 이중성으로서 등록되어 있다. 그 중의 3분의 1은 겉보기에는 같은 방향으로 보여질 뿐이고, 그 나머지가 물리적으로 결합한 쌍성인 것으로 여겨진다. 그러나 실제로 궤도가 알려져 있는 것은 1% 정도인 약 600개이다.

이처럼 확정된 비율이 적은 것은 두 별의 상대적 위치의 결정 정밀도가 최대에서 0.5초각 정도이며 대부분은 10초각 정도이기 때문이다. 지구에서 별까지의 거리가 30광년이라면 두 별의 거리가 10초각이라는 것은 150천문단위나 떨어져 있어(1천문단위는 약 1억5000만

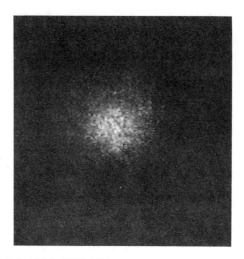

그림 2-7 고속 셔터로 촬영한 성상.
대기의 흔들림 때문에 별의 상이 많은 반점으로 찍혀져 있다.

㎞), 한 번 공전하는데 수천 년이 걸리는 셈이 된다. 100년 정도의 관측으로는 그 움직임조차 포착할 수 없는 것이다.

그러나 1980년대에 들어서 새로운 관측 기술이 개발되었다. 그것은 스페클 기술이라 불리는 것으로 0.03초각을 분리할 수 있게 되었다.

별의 빛은 지구 대기의 흔들림에 의해 1초각 이상이나 확대되므로 가깝게 접근한 두 별을 분리하기는 어렵다. 그러나 대기의 흔들림이 멈추어 보일 정도로 고속으로 촬영하면 그림 2-7과 같이 많은 반점(斑點)을 볼 수 있다.

이러한 반점은 별의 빛이 대기의 흔들림에 의해 여러 개의 점으로서 찍혀진 것이나, 만일 이중성이 찍혀져 있다면 두 점을 한 조로 한 것 같은 반점의 조를 여러 개나 볼 수 있게 될 것이다. 그러한 조를 찾아 겹쳐 놓으면 원래의 두 점을 한 조로 한 상이 뚜렷하게 재생될 수 있게 될 것이다.

이렇게 얘기하니 간단한 것 같지만 실제의 작업은 그렇게 쉬운 일

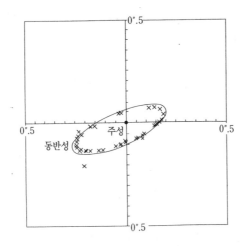

그림 2-8 먼저 그림과 같은 사진에서 얻어진 쌍성의 그림.
×표는 각 시기에서의 관측점

은 아니다. 그러므로 각거리(角距離)가 측정된 이중성의 수는 별로 많지 않았으나, 고속 컴퓨터로 2차원의 푸리에 변환(화상 속에서 특정한 신호를 끌어내기 위한 수학적 방법)이 단시간에 이루어질 수 있게 되면서부터 그림 2-8과 같은 결과를 계속적으로 얻을 수 있게 되었다. 거리가 가까운 쌍성의 공전 주기는 짧아서 수년 정도이므로 고각(高角)분해능의 관측으로 최근 10년 가까운 동안에만도 500개 이상의 쌍성이 궤도가 결정되었다.

또한 2개 이상의 망원경을 배열하여 양측으로부터의 빛을 간섭시켜 0.001초각의 분리능으로 관측할 수도 있게 되었다. 그 예를 그림 2-9에서 볼 수 있다.

이러한 관측 수준이면 잘만하면 태양과 수성 정도의 거리에 있는 쌍성도 분리할 수 있다. 그 밖에 성간운이 별을 탄생시킬 때에 어떠한 모습으로 수축하고 주변에 잔류한 가스운이 어떻게 움직이는가에 관한 상세한 자료도 얻을 수 있게 될 것이다.

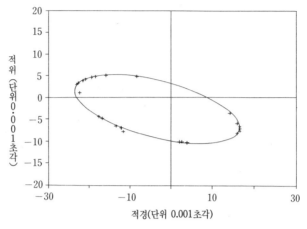

그림 2-9 복수의 망원경으로 분해능을 높여 포착한 쌍성의 상.
×표는 각 시기별 관측점이다.

3. 서로 돌고 있는 별

쌍성의 거리와 질량

쌍성이 천구상에서 서로의 위치를 시시각각으로 변화하고 있는 모습에 대해서는 앞에서 제시하였다. 그러한 쌍성까지의(지구로부터) 거리를 알 수 있다면 천구상에 투영하였을 때의 두 별 사이의 거리를 구할 수 있다. 그러나 두 별 사이의 실거리를 구하는 데는, 가령 타원 궤도이면 궤도면의 기울어진 각도를 구해야만 한다.

만일에 두 별의 상대적인 움직임이 원궤도라는 것을 알았다면 공전 주기의 관측으로 케플러의 제3법칙(두 별의 질량의 더한 값은 궤도 긴 반지름의 3제곱에 비례하며, 공전 주기의 2제곱에 반비례한다는 법칙)에 의해 2개의 별의 질량의 전체값이 얻어진다. 그러나 보통 2개의 별의 상대적인 위치는 정해져 있지 않으므로 각각의 별의 질량은 구할 수 없다.

표 2 각종 쌍성의 움직임과 두 별의 질량비(태양을 1로 한다)

별의 이름	실시 등급	스펙트럼	주기 (년)	궤도긴지름 (천문단위)	이심률	질량 (태양단위)	
ADS 61	6.5	G4V, G8V	106.83	1.432	0.450	1.3	1.5
ADS 490	5.6	F8V	6.94	0.20	0.73		
ADS 520	6.3	G5V	25.0	0.670	0.22	0.9	0.9
ηCas	3.5	G0V, M0V	480	11.99	0.497	0.9	0.6
ADS 1538	6.8	G0V	158.4	1.00	0.69	1.3	1.3
48 Cas	4.8	A4V	60.44	0.653	0.345	2.1	1.2
10 Ari	5.9	F4V	288	1.256	0.56	1.8	1.2
ADS 1709	6.7	F5V	144.7	0.908	0.26	1.3	1.3
ADS 1865	9.4	dM2	25.25	0.540	0.17	0.6	0.6
εCet	5.5	F5	2.67	0.114	0.28	1.3	1.3
+68° 278	11.6	dM2	57.7	0.67	0.65	0.4	0.4
ADS 2959	7.5	G5V	394.7	2.101	0.65	1.0	0.7
40 Eri BC	9.5	DB9, M4Ve	252.1	6.943	0.410	0.4	0.2
ADS 3135	7.2	dF7	91.04	0.561	0.604	1.3	1.0
ADS 3475	7.4	dF7	16.30	0.202	0.440	1.1	1.1
ADS 4153	9.5	K0	60.60	0.309	0.75	0.8	0.8
σOri AB	4.1	O9V	170	0.247	0.07	25	10
1 Gem	4.9	G5III	13.17	0.19	0.325	2.5	2.3

그러므로 시리우스의 움직임을 발견했을 때와 같이 주변의 별에 대한 두 별의 상대적인 움직임을 구하게 된다. 그것을 안다면 두 별의 공통 중심(重心) 주변의 움직임을 정할 수 있고, 공통 중심에서 각 별까지의 거리비가 두 별의 질량비가 되므로 그 거리비로 두 별의 질량을 구할 수 있다.

쌍성의 움직임을 결정하는 데는 또 하나의 방법이 있다. 두 별의 회전이 일치하여도 한 번 공전하는 사이에는 속도의 변화가 있으므로 그 변화를 도플러 효과(Doppler effect) 등을 적용하여 관측하는 것이다.

도플러 효과를 적용하여

별을 직접 보면 점같이 보인다. 그 중에는 검붉게 보이는 별도 있고 청백색으로 보이는 별도 있다.

우리들 가까이에서 보는 무지개는 태양빛을 반사하여 생긴다. 태양 빛이 지구 대기의 물방울 속에 들어가 반사하여 다시 밖으로 나온다. 이 때 물방울 속에 들어갈 때나 나올 때나 빛은 굴절하며 그 굴절률 이 빛의 색(파장)마다 다르므로 일곱색으로 갈라져 무지개가 생긴다. 즉, 안쪽에서부터 순서대로 파장이 긴 빨간색부터 파장이 짧은 쪽을 향해 주황색, 노란색, 초록색, 파란색, 남색, 보라색의 일곱색으로 갈라 지는 것이다. 이와 같이 무지개는 태양빛을 반사하므로 태양과 반대쪽 의 하늘에서 아름답게 보인다.

태양의 무지개를 더욱 확대해서 보려면 망원경의 초점에 분광기를 설치하여 관측하면 된다. 일곱색 빛의 띠(이것을 스펙트럼이라 한다) 가 보이는 것은 물론이고 일곱색은 각각 독립적으로 있는 것이 아니 라, 근소하지만 연속적으로 변화하면서 있다. 더욱 상세하게 보면 스 펙트럼상에서 어두운 선을 몇 개나 볼 수 있다.

이러한 선은 1814년에 프라운호퍼(J. Fraumhofer)가 발견한 것으 로 프라운호퍼 선이라고 불리고 있다. 이러한 어두운 선은 태양 대기 중에 있는 원자가 종류에 따라 각각 특정한 파장의 빛만을 흡수하므 로 형성되는 것이다. 이 절(節)의 설명과는 직접 관계가 없으나 암선 의 강도 분포로 별에 존재하는 각 원소의 비율이나 표면 온도가 결정 된다.

그런데 원자의 원자핵 둘레에는 전자의 궤도가 있으나 이 궤도의 크기(정확하게는 에너지의 양)는 정해져 있으므로 중간의 값을 취할 수는 없다. 그리고 전자는 궤도 사이를 이탈함으로써 궤도간의 에너지 차에 해당하는 빛을 흡수하거나 방사한다. 즉, 원자별로 특정한 파장 의 빛을 흡수하고 방사한다.

빛은 파동이다. 그러므로 관측자에 대해 멈추어 있는 물체에서 방사된 파장 λ의 빛이 속도 v로 멀어지고 있으면 $\Delta\lambda=\lambda\times v/c$의 식으로 주여진 $\Delta\lambda$만큼의 파장이 긴 쪽으로 벗어난다(c는 광속). 또한 가까워지고 있는 경우에는 반대로 $\Delta\lambda$만큼의 파장이 짧은 쪽으로 벗어난다. 이것을 '도플러 효과'라고 한다는 것은 잘 알려져 있다.

별도 태양과 같은 천체이므로 그 스펙트럼을 관찰하면 별의 대기 중에 존재하는 원자에 의한 흡수선이 여러 개나 보인다. 이러한 암선(흡수선)의 파장을 측정하여 원래의 파장에서 어느 정도의 편차가 있는가를 구하면 앞의 식과 역으로 그 천체가 어느 정도의 속도로 접근하는가 또는 이탈하는가를 결정할 수 있다.

분광 쌍성으로 확인된 도플러 효과

도플러가 도플러 효과에 관해 논문을 쓴 것은 1842년의 일이었다. 그 당시 아직 별의 스펙트럼에 흡수선이 있다는 것은 알지 못하였으므로 도플러는 파장의 편차에 의해 생기는 별의 색 변화를 관측하려고 시도하였다.

현재는 퀘이사와 같이 광속에 가까운 속도(이 정도의 속도가 되면 도플러 효과에 의한 양은 상대론에 의한 영향을 받으므로 주의가 필요하다)로 멀어져 가는 천체가 발견되고 실제로 색도 변화하고 있는 것이 나타나지만, 퀘이사는 10등급보다 훨씬 어두우므로 1960년에 이르기까지 발견되지 않았다. 따라서 19세기의 도플러의 시도는 실패로 끝났다.

별의 흡수선을 관측할 수 있게 되었어도 도플러 효과를 나타내는 결과는 좀처럼 얻을 수 없었다. 그 이유는 파장의 편차가 근소하였으므로 육안으로 스펙트럼을 보는 것으로 결정할 수 없었기 때문이다.

1889년에 이르러 실시(実視) 쌍성으로 유명한 미자르의 스펙트럼을 계속 관측하던 피커링(E.C.Pickering)은 스펙트럼상의 흡수선이

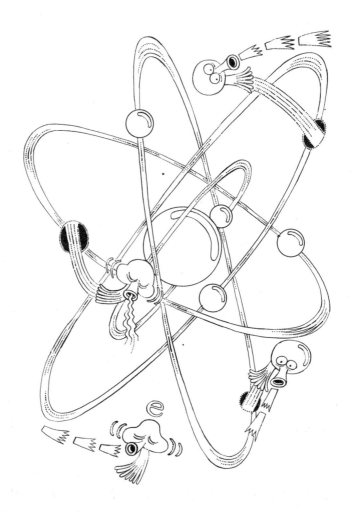

전자는 빛을 흡수하기도 하고 방사하기도 하고…

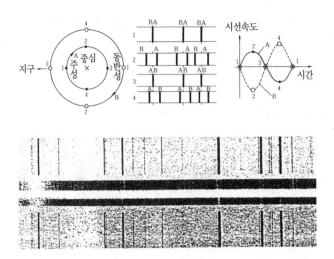

그림 2-10 주성(A)과 동반성(B)의 위치에 따라(1, 2, 3, 4의 네가지를 나타냄) 지구에서 보는 스펙트럼이 다르다. 1과 3일 때는 스펙트럼은 겹쳐져 1개로 보인다.

1개로 되었다, 2개로 되었다 하는 현상을 발견하였다. 그리고 그 변화의 주기는 실시 쌍성의 공전 주기와 일치하고 있었다. 즉, 흡수선이 2개로 되었다, 1개로 되었다 하는 것은 도플러 효과에 의한 변화였다.

피커링이 이와 같이 도플러 효과의 존재를 밝힐 수 있었던 것은 사진술을 적용할 수 있었기 때문이다. 사진 건판(乾板)이라는 고정된 물체 위에 별의 스펙트럼과 기준 스펙트럼(철 아크방전이 사용되는 경우가 많다)을 동시에 촬영하고 또한 계속적으로 촬영한 사진 건판을 나중에 배열하여 비교할 수 있었기 때문이다.

그림 2-10에서 보듯이 쌍성이 만나게 될 때 그림의 2와 4에서는 가까워지는 별과 멀어지는 별의 파장 편차가 역방향이 되므로 2개의 흡수선으로 보인다. 또한 1과 3에서는 가로로 향한 속도 성분밖에 없으므로 파장의 변화가 없으니 1개의 흡수선으로 보인다.

미자르의 흡수선의 변화 주기는 20.5일로서 별의 최대 속도(초속)

는 각각 68㎞, 69㎞이므로 질량은 태양 질량의 1.7배와 1.6배를 얻을 수 있게 되었다. 이와 같이 분광학적 방법으로 쌍성이라는 것이 확인된 별을 분광(分光) 쌍성이라고 부르고 있다.

이제부터 기대된다

미자르와 같이 실시 쌍성이기도 하고 분광 쌍성이기도 한 것은 비교적 적다.

실시 쌍성에서는 2개의 천체가 갈라져 보여야 하므로 관측해 보면 양자의 실제 거리는 몇 십 천문단위나 떨어져 있다. 한편, 분광학적 방법으로 두 별을 분리하려면 흡수선이 뚜렷하게 구분될 정도로 속도가 커야만 한다. 그러므로 케플러의 법칙으로도 분명했듯이 두 별의 거리는 가까운 것이 좋다.

이 두 가지의 조건은 서로 모순되므로 실시와 분광의 두 방법으로 구해낸 쌍성의 수는 적다. 그러나 앞에서도 설명했듯이 간섭법을 사용하여 0.001초각 이하의 각분해능으로 측정할 수 있게 되어 두 별이 1천문단위보다 가까운 경우에도 측정이 가능하므로 이제부터의 자료 축적에 기대를 갖는다.

분광 쌍성 중에는 1개의 흡수선의 파장은 변화해 보이지만, 또 다른 1개의 흡수선이 보이지 않는 것이 많다. 실시 쌍성인 시리우스의 경우와 같이 동반성이 주성에 비해 월등하게 어두우면 이러한 일이 생긴다. 시리우스는 주계열성과 백색 왜성의 조합이었으나 거성과 주계열성의 조합에서도 같은 일이 생긴다. 밝은 별이 거성인 전갈자리(Scorpius)의 알파별, 안드로메다자리(Andromeda)의 알파별 등이 이런 유형의 분광 쌍성이다.

회전하는 별

쌍성이 공통 중심(重心)의 둘레를 돌고 있을 때 우리에게 보이는 별의 움직임은 보이지 않는 별에 의해 영향받고 있다. 따라서 나중에 제시하는 것 같은 방법으로 주성의 스펙트럼형에서 질량을 구했다면 공전 주기만 알면 동반성의 질량도 결정될 수 있다.

　태양계의 경우는 태양의 주위를 지구나 목성 등의 행성이 돌고 있다는 표현을 보통으로 쓰고 있다. 그러나 이 표현은 엄밀하게는 틀린 것이다. 정확하게는 태양계의 공통 중심(重心)의 주위를 태양을 포함한 각 천체가 돌고 있다고 표현해야만 할 것이다. 태양계의 질량의 99.9%를 태양이 점하고 있으므로 실제로 태양의 둘레를 돌고 있다고 생각해도 크게 틀린 것은 아니다.

　예를 들어 목성과 태양만이 있다고 하자. 그 질량의 비는 1대 950이므로 그 비율에 해당하는 장소에 공통 중심(重心)이 있다. 양자의 거리는 약 7억 8000만km이므로 중심(重心)에서 태양의 중심(中心)까지의 거리는 약 60만km이다. 이 값은 태양 반지름인 70만km와 거의 같다. 그리고 태양은 이 공통 중심(重心)의 둘레를 매초 13m의 속도로 공전하고 있다.

　태양과 목성의 가시광에 의한 광도의 비는 1억 배나 된다. 따라서 아득히 먼 곳의 별 둘레에 목성과 같은 행성이 돌고 있다고 하여도 도저히 식별할 수는 없다. 시리우스의 경우에는 베셀이 실시한 것 같은 방법을 사용하여도 어려울 것이다. 그러나 분광 관측에 의해 초속 10m의 속도 변화를 포착할 수 있다면 그 존재를 확인할 수 있다. 그러기 위해서는 0.0001Å을 분해해야 하므로 초고성능의 파장 분해능이 필요하다.

　태양의 경우는 충분한 광량이 있으므로 이미 이 정도의 분해능으로 스펙트럼은 얻어져 있다. 다른 별은 태양보다는 훨씬 어두우므로 보다 거대한 망원경으로 빛을 모여야만 한다. 그러나 현재 매초 100m의 속도 변화는 포착되고 있으므로 이 방법에 의해 목성 정도의 질량의 행성이 포착되는 날은 그리 멀지 않을 것이다.

목성도 이 정도이니 지구와 같은 행성인 경우는 더 큰일이다. 질량이 목성의 300분의 1이고, 공전 속도가 약 3배이니 가령 태양 같은 주성이라면 공통 중심의 주위를 매초 10㎝로 돌고 있는 셈이 된다. 이러한 움직임을 측정한다는 것은 이론적으로는 불가능하지 않으나 실제적으로는 거의 불가능에 가까운 것 같다.

결론으로는 가까운 장래에 우리들은 목성 정도의 행성을 분광학적 방법으로 다수 포착할 수 있겠으나, 이 방법으로는 제2의 지구를 발견하는 것을 당분간 기대할 수 없다고 여겨진다.

4. 서로 가리는 별

별의 서로 가리기

별이 쌍성이라는 것을 아는 또 다른 방법은 별끼리 서로 가리는 모습(식〔蝕 : eclipse〕이라고 한다)을 포착하는 일이다. 이 식현상은 두 별이 멀리 떨어져 있으면 좀처럼 생기지 않는 현상이다. 분광 쌍성으로 발견된 것보다 더 가깝지 않으면 생기기 어려운 현상이다.

최초로 발견된 식쌍성은 페르세우스자리(Perseus)의 베타별(알골)이다. 1667년에 몬토나리(G. Montonari)가 그 1등급을 초과하는 변광(變光)을 발견하였다. 그것은 마치 그리스의 용사 페르세우스가 잡은 요괴 메듀사의 머리부분과 유사하여 아라비아어로 '악마의 머리'란 뜻인 '알골'이란 이름이 붙었다.

1783년에 구드리크는 그림 2-11과 같은 변광의 모습을 상세하게 조사하여, 알골의 변광은 2개의 별이 서로 가리는데 기인한다는 가능성을 시사하였다. 물론, 당시의 관측 자료만으로 그 밖의 다른 설명도 가능하였다. 그 중의 하나는 별표면에는 거대한 흑점이 있어 별의 자전에 수반하여 광도가 변화한다는 것이었다.

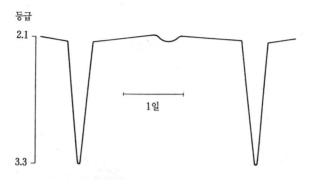

그림 2-11 알골(페르세우스자리의 베타별)의 변광 모습

그림 2-12 2개의 쌍성이 함께 구상인 경우의 광도의 변화. 먼저 그림과는 달리, 식현상이 생겨나 있지 않을 때의 밝기는 항상 일정하다.

그 후 식쌍성으로 여겨지는 것으로 거문고자리의 베타별이 1784년에 발견되었을 뿐이었다. 현재는 4000개의 식변광성(食變光星)이 발견되어 카탈로그에 실려 있다. 이러한 발견은 거의 전부가 분광 쌍성을 측광하여 특별히 정한 결과이다.

만일, 식쌍성의 2개별이 구형을 하고 있다면 그 광도의 변화는 그림 2-12와 같은 모양을 나타낸다. 수평한 직선은 두 별이 동시에 보이는 광도를 나타내지만 (먼저 그림과 비교할 것), 밝은 쪽의 별이 다른 쪽을 가릴 때에는 약간 어두워진다. 이것을 제2극소(極小)라고 부른다. 또한 반대의 경우(어두운 별이 밝은 별을 가리는 경우)는 더욱 어두워지며 제1극소라고 부른다.

여러 가지 조합

별의 본래의 밝기는 그 반지름의 2제곱과 표면 온도의 4제곱에 비
례한다. 즉, 반지름이 큰 별이 반드시 밝다고는 볼 수 없는 것이다. 그
러므로 여러 가지 별을 표면 온도와 밝기를 양축으로 한 그래프상에
나타내면 그림 2-13의 망점으로 표시한 부분에 수없이 많이 존재한
다. 이 부분에 있는 별을 '주계열성'이라고 부르는데 별의 중심부에서
원자핵융합 반응이 안정하게 일어나고 있는 것이다. 그리고 별은 그
일생 중의 90% 가까이를 이런 안정한 상황 속에서 보낸다.

같은 표면 온도라도 주계열성보다 밝은 별은 당연히 반지름이 크
고, 그 정도에 따라 준거성, 거성, 휘거성, 초거성이라 불리운다. 또한
고온인데도 어두운 별이 있는데 그것은 시리우스의 동반성같이 반지
름이 작은 백색 왜성이라고 불리우는 것이다. 그림에는 별의 같은 반
지름을 연결한 선도 그려져 있다.

식쌍성이 되는 것은 표면 온도와 반지름이 여러 가지로 조합한 별
이므로 변광 곡선의 모양도 여러 가지이다. 앞에서도 제시했듯이, 두
별이 함께 구(球)인 경우에는 두 별의 거리에 의해 식이 생기지 않는
시간의 길이는 변하나, 식이 생기지 않을 때의 밝기는 언제나 일정하
다(그림 2-12 참조). 그러나 실제로는 그림 2-11과 같은 변화를 나타
내는 별이 많은 것은 별의 형태가 구가 아니기 때문이다.

두 별이 멀리 떨어져 있으면 당연한 얘기이지만 식이 생길 가능성
은 낮다. 궤도면이 시선 방향에서 조금이라도 기울어져 있으면 다른
쪽을 가릴 수 없게 되기 때문이다. 반대로 두 별의 거리가 가까우면
조금 정도는 기울어져 있어도 최소한 부분적으로는 가릴 수 있다. 그
러나 식이 간단하게 생길 정도로 가까워지면 별의 형태(둥글든가, 찌
그러져 있든가 등)에 영향을 미치게 된다.

구형의 쌍성과 찌그러진 쌍성

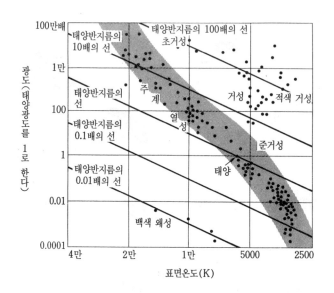

그림 2-13 헤르츠스프룽-러셀도(H-R도)(Hertzsprung-Russell diagram). 왼쪽 위에서 오른쪽 아래에 걸친 여러 개의 실선은 반지름이 같은 별을 연결하는 선이다. 별이 많이 있는 부분을 주계열이라 한다.

별의 형태와 광도

지구와 달은 서로가 돌고 있다. 지구의 인력은 달에 작용하고 있고 반대로 달의 인력도 지구에 작용하고 있다. 지구에서는 달에 가까운 쪽이 강하게 끌리며 먼 쪽은 별로 강하게 끌리지 않는다. 그 결과 지구 표면상의 액체, 즉 바닷물이 부풀어 올라 만조(滿潮)가 된다.

이 때 주의해야 할 것은 만조는 달과 마주보는 쪽만이 아니고 반대쪽에서도 일어난다는 점이다. 그것은 지표면에 대해 바닷물이 남아 있기 때문이다. 엄밀하게는 고체로서의 지구 본체도 달의 인력으로 찌그러져 있으나 고체 특유의 강성(剛性) 때문에 극히 작다. 달은 그 반지름과 질량이 작은데 비해 거리가 멀기 때문에 조석에 의한 지구 해수면의 상승은 겨우 30cm 정도에 불과하다. 지구 반지름의 2000만분의

그림 2-14 그늘진 부분도 희미하게 빛나고 있는 초승달

1에 불과하므로 우리들이 지상에 있지 않으면 모를 정도의 양이다.

두 별의 거리가 먼 식쌍성의 경우는 지구와 달의 경우와 흡사하므로 광도 곡선에 영향을 미칠 정도로 그 형태가 변화되는 일은 없다. 그러나 대부분의 식쌍성은 서로의 거리가 매우 가깝고, 그 중에는 접촉할 정도의 것도 있다. 이런 경우에는 조석 작용도 크게 작용하여 외견상으로도 뚜렷하게 찌그러져 있는 모습을 볼 수 있게 된다.

쌍성의 광도는 관측자로부터 보아 별의 면적이 가장 크게 되었을 때, 즉 두 별이 가로로 배열하였을 때가 가장 밝다. 알골의 광도 곡선은 그 모습을 뚜렷하게 보여주고 있다.

그림 2-11의 알골 광도 곡선에서는 제2극소 가까이에서 밝아져 있다. 이것은 반지름은 크나 비교적 어두운 별과 반지름이 작으나 밝은 별의 식쌍성인 경우에 일어나는 현상이다.

달은 태양빛을 반사하여 빛나고 있다. 그러나 저녁 하늘에 보이는 초승달에서는 태양빛이 직접 닿지 않는 부분도 희미하게 빛나고 있다 (그림 2-14). 태양빛이 지구에서 반사하여 그 부분이 희미하게나마 빛나고 있는 것이다. 알골 같은 식쌍성의 경우도 이것과 같은 현상이 생기므로 더욱 밝아지고 있는 것이다.

별의 진화 속에서

별은 안정하게 빛나는 주계열성의 시대를 마치면 반지름이 증대하여 거성으로 진화한다. 별의 중심부에는 연소한 찌꺼기인 헬륨이 모이나, 구각상(球殼狀)의 부분에서는 수소 원자의 핵융합 반응이 진행 되면서 방출하는 에너지가 별을 크게 하기 때문이다. 우리들의 태양도 앞으로 50억 년이 지나면 이런 상태로 되고 적색 거성이 되어 그 대기 중에 지구를 흡수하게 된다.

태양과 지구 정도의 질량비가 되면 지구는 태양에 흡수당하게 되나, 식쌍성의 경우와 같이 두 별의 질량이 지나치게 큰 차이가 없으면 다음에 설명하겠지만 그것과는 다른 일이 일어난다.

지구의 둘레를 날고 있는 인공 위성을 감속시키면 서서히 지상으로 낙하한다. 먼 곳을 돌고 있는 인공 위성이라도 낙하 시간이 길 뿐이지 결과적으로는 동일하다. 그러나 지구와 달의 인력이 균형을 이루고 있는 것보다 달쪽으로 가까워지면 인공 위성은 달쪽으로 낙하하게 된다. 즉 지구와 달 사이에는 인력이 균등한 면이 존재하고 있다.

식쌍성에 있어서도 두 별의 인력이 균등한 면이 있다. 두 별의 거리가 가까우면 하나의 별이 거성으로 진화함에 따라 이 면에서 이탈하게 된다. 이탈한 면에서는 계속 가스가 유출하여 다른쪽 별에 떨어져 쌓인다. 그러다가 어느 정도의 양이 쌓이면 돌연히 폭발적으로 빛난다. 이것이 플레어 별(flare star)이라 불리우는 별이다.

별의 진화는 질량이 큰 것일수록 빠르다. 그러므로 질량이 큰 별이 먼저 진화하여 거성이 되므로 다른쪽 별에 가스를 공급하기 쉽게 된

다. 조각이나 원래 질량이 작은 별은 가스를 획득하여 무겁게 되므로
역으로 진화가 빨라진다. 이렇게 하여 양별의 질량이 서로 교대로 무
거워지고 결국은 표면의 수소원자층이 없어져 중심부의 헬륨원자층이
보이는 별도 발견되고 있다.

극단적인 경우는 한쪽 별의 진화가 너무나 빨리 진행되어 초신성
폭발을 일으켜 중성자별이 되는 경우가 있다. 그 후에 다른 쪽의 별이
적색 거성이 되어 중성자별의 표면에 가스를 유입시키면 중성자별의
표면에서는 폭발적인 반응이 일어나 X선이나 때로는 감마선을 방사
하고 있는 것을 관측할 수 있게 된다.

그러나 이러한 질량의 주고받기를 하는 쌍성은 그 거리가 아주 가
까워야 하므로 그런 식쌍성이 존재할 확률은 그다지 높지 않다.

식쌍성 속의 행성계

식쌍성 중에는 17세기의 구드리크가 생각한 것처럼 항성의 전면을
행성이 통과함으로써 밝기가 변하는 것은 없을까? 행성이 지구형 행
성같이 뚜렷한 고체 표면을 갖고 있다면 별의 전면을 통과하는 사이
의 감광량(減光量)은 일정하다.

그러나 목성형 행성같이 대기층이 두텁게 존재하고 있으면 감광량
은 변화한다. 월식 때에 지구의 그림자로 되어 있는 부분에서도, 지구
대기로 굴절된 광선에 의해 희미하게 빛나고 있는 것같이 식이 되었
을 때에도 각각의 밝기는 변화한다.

황소자리(Taurus)의 이프실론별은 불가사의한 변광 곡선을 보여
주고 있다. 그림 2-15와 같이 2년이란 긴 주기로 변광하고 식이 되어
변광하고 있는 사이라도 불규칙하게 광도가 변화한다. 이 변광은 무엇
으로 인해 생기는지 아직 잘 모르고 있다. 하나의 가능성으로서 미처
행성이 되지 못한 가스운이 별 주변을 돌고 있을 것이라는 생각이 있
다. 구름의 짙은 부분과 얕은 부분에 따라 감광량의 차이가 있을 것이

88

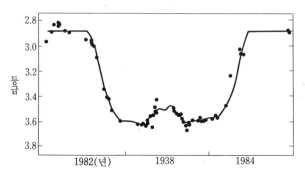

그림 2-15 황소자리의 이프실론 별의 이상한 변광

라는 생각이다.

아직 식변광성의 관측으로 행성계를 직접 검출하는 것은 성공하지 못하고 있으나 더욱 정도가 높은 관측을 하게 된다면 행성 발견의 가능성도 있다고 여겨진다.

5. 찾아낸 행성계

별의 고유 운동을 단서로

태양계에서는 태양이라는 1개의 별의 둘레를 행성이 돌고 있다. 이 장에서는 대부분 2개의 별이 회전하고 있는 모습을 해명하는 방법을 알아 보았다.

쌍성과 같이 질량이 비슷한 경우에는 양자의 중력 작용이 동등하게 효과를 미치므로 검출하기는 쉽다. 그러나 태양과 목성과 같이 1000 배나 또는 태양과 지구와 같이 30만 배나 질량의 차이가 있는 경우에는 그 비율에 대응하여 검출이 어렵게 된다. 그런데도 그러한 어려움을 극복하여 행성을 검출한 몇 가지 예가 보고되어 있다.

행성의 검출이 최초로 이루어진 것은 시리우스의 동반성 때와 같이 먼 곳에 있는 별들을 배경으로 한 천구상에서의 움직임을 관측한 결과였다. 이 방법으로는 앞에서도 설명했듯이 태양에 가까운 별일수록 찾기가 쉽다.

그렇다면 천구상에 수없이 있는 별 중에서 태양에 가까운 별을 찾으려면 어떻게 하면 좋을까.

수천억 개의 별들로 이루어진 거대한 은하계는 은하계 중심의 주변을 회전하고 있다. 그리고 태양은 은하계 중심에서 약 3만 광년 떨어진 곳을 매초 약 250km의 속도로 회전하고 있다. 그 회전 운동과 더불어 태양계의 개개의 별은 평균 매초 10km 정도의 속도로 임의의 방향으로 움직이고 있다. 이렇게 태양과 상대적인 움직임이 있으면 그 별의 속도가 빠를수록, 또는 지구로부터 거리가 가까울수록 아득히 먼 곳의 별들에 대해 상대적으로 크게 움직여 보인다. 이것이 '별의 고유 운동'이다.

화성인의 존재를 믿었던 로웰이 건설한 애리조나 주 로웰 천문대의 로이튼은 오랜 기간에 걸쳐 별의 위치 변화를 조사하여 수십만 개의 별의 고유 운동을 구하였다. 그 중에는 1718년에 핼리가 처음으로 고유 운동을 발견한 아아크투루스같이 1년에 2.5초각이나 움직이는 1등성도 있다.

이들 리스트 중에서 비교적 고유 운동이 큰 별을 선택하여 보다 상세한 관측을 계속하였다. 앞에서도 언급했듯이 그 중에서 시리우스와 같이 물결치며 진행하는 것을 발견하였다.

별의 거리(지구로부터의)를 알고 있으면 평균적인 운동에 대해 몇 천문단위를 움직였는지 계산할 수 있다. 이 값과 물결치는 주기로 동반한 별의 질량을 구할 수 있다.

그 결과, 대부분 보통의 별끼리 회전하는 쌍성계였다. 태양 질량보다 10배가 무거운 별은 태양의 1만 배나 밝게 빛난다. 그러므로 시리우스와 그 동반성같이 한쪽의 별밖에 볼 수 없게 되는 것이다. 그러나 그 질량비에 비하면 근소한 양이기는 하나 무거운 쪽의 별이 흔들려 보일 때가 있다.

흔들리는 작은 별

정밀한 관측으로 보이지 않는 별 중에 질량이 태양의 100분의 1 이하나 되는 것이 있다는 사실이 밝혀졌다. 그 한가지 예가 그림 2-16의 헤르쿨레스자리(Hercules)의 99번별이다. 이 별은 10등급의 광도이나(그림 중의 A) 상세하게 관측하니 가까이에 13.5등급의 별이 있으며(그림 중의 B), 두 별 사이의 각거리는 매년 변하고 있다. 이 별의 고유 운동은 1년에 0.12초각의 속도이고 A와 B 두 별의 질량 중심(I)이 이 속도로 움직이고 있다. 그리고 두 별은 I에 대해 항상 반대쪽에 있고 최대로 떨어져도 1.5초각이다. 이 운동을 I를 고정시켜 다시 그린 것이 그림의 왼쪽 위의 것이다. 두 별이 약 50년의 주기로 회전하고 있다는 것을 알 수 있다.

공통 중심(重心)에서 각각의 별까지의 거리는 두 별의 질량에 반비례한다. A와 B별의 경우에 궤도 반지름은 약 2배이므로 A쪽이 B의 약 2배의 질량을 갖고 있는 셈이 된다. H-R도상에서 주계열성에 이러한 질량차가 있으면 광도의 차는 3∼4등급이 되므로 관측과 잘 일치한다. 반대로 H-R도상의 여러 가지 별의 질량은 이러한 쌍성계의 관측으로 결정되어지고 있다.

여기까지는 앞에서 설명한 보통 쌍성의 경우이다. 그러나 헤르쿨레스자리의 99번별의 경우는 사정이 약간 다르다. A와 B의 별의 움직임을 보다 상세하게 조사하면 A별은 원활하게 움직이지 않고, 1년 정도의 주기로 흔들리고 있다는 것을 알게 되었다. 그 흔들림은 규칙적이고 A별의 주변에는 또 하나의 천체(P)가 돌고 있다는 것이 밝혀졌다. 그 흔들리는 모양에서 천체 궤도는 그림 2-16과 같은 모양이 되

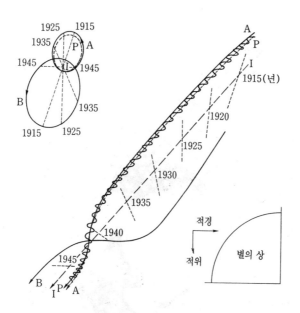

그림 2-16 헤르쿨레스자리의 99번별의 움직임

며 흔들림의 폭은 0.1초각 정도라는 것을 알 수 있다. 그리고 질량은 A별의 100분의 1 이하라고 여겨진다.

별을 지상에서 관측하면 별빛이 대기 중을 통과하는 사이에 흔들려서 1초각 이상이 넓게 보인다. 비교하기 위해 그림의 오른쪽 아래에 있는 원(그림에서는 4분의 1)을 보면 지상에서 본 전형적인 별모양의 크기를 나타낸 것이다. 이 경우의 별모양은 A, B 두 별의 모양보다 크게 보인다.

A와 B별의 경우에 2개의 비뚤어진 원반이 겹쳐 있는 것같이 되어 있으나, 전체로서는 길게 늘어난 모양을 하고 있으므로 그 별은 이중성이라는 것을 바로 알게 된다. 그러나 일반적으로 별모양의 크기의 10분의 1 이하의 것을 검출하는 데는 새로운 방법을 고안하지 않고는

1년 주기로 흔들흔들…

어렵다.

많은 별의 둘레에

미국의 스프롤 천문대에서는 부채꼴의 회전판을 별빛의 중심 둘레에 돌리면서 각 방면의 밝기 변화를 관측하여 쌍성을 검출하는 방법을 개발하였다. 그리고 헤르쿨레스자리 99번별의 경우와 같이 질량이 목성보다 월등하게 크지만 행성이라고 할 수 있는 천체를 검출하였다.

기타의 행성계의 검출 예로서 BD+5°1668을 그림 2-17에 제시하였다. 별의 고유 운동의 변화를 0.005초각으로 결정한다는 기적적인 정밀도로 행성계가 검출된 예이다.

이렇게 정밀한 관측이 진정으로 의미있는 일인지 천문학자 사이에서도 의견이 분분하다.

그러나 앞에서 언급했듯이 현재 개발되고 있는 광간섭계의 기술을 적용하면 0.001초각의 정밀도로 빈틈없이 구할 수 있게 된다. 따라서 현시점의 의문은 머지않아 해소될 것이다.

관측 정밀도의 점에서 약간 의심은 있다 해도 이 절에서 제시한 방법에 의해 이제까지 검출된 행성계의 예를 표 3에 나타내었다. 각도의 측정으로 구한 것이므로 모두가 우리와 가까운 거리에 있는 별들이다. 주성의 움직임으로 구하기 위해서 행성의 질량은 목성보다 크게 되어 있다. 한편, 주기는 태양계의 목성의 12년이라는 값에 가까운 10년 전후이다. 주성의 질량에도 의하지만 두 별의 거리도 태양과 목성의 5천문단위에 가까운 값이 되어 있다.

분명하게 말해서 다른 별들의 주변에 지구 정도의 행성이 있는지 없는지는 아직 모르고 있다. 그러나 적어도 별로서 빛나지 않는 천체, 즉 행성을 갖고 있는 것은 여러 개 별의 둘레에 있다는 것만은 확실한 것 같다.

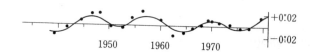

+0.̈02

1950   1960   1970

−0.̈02

그림 2-17   BD+5°1668의 행성계

표 3   행성을 갖는 별

별의 이름	거리(광년)	행성의 질량 (목성=1)	궤도주기 (년)
바너드별	5.9	1.1, 0.8	26, 12
라런드21185	8.2	20	8.0
에리나누스강자리의 ε별	10.8	6~50	25
백조자리의 61번별	11.0	8	4.8
BD+42°4305	16.9	10~30	28.5
Cin2347	27	20	24.
뱀주인자리의 70번별	17	10, 12	17, 10
Lac21185	8	10	8
클류거 60A	13	9	16

  또한 모든 별의 둘레에 행성이 있는지 어떤지, 관측적으로는 아직 답이 나와 있지 않다. 그러나 다음 장에서 제시되는 관측적·이론적 결과로 많은 별의 둘레에 행성계가 존재한다고 말할 수 있게 되었다.

제 **3** 장
별이 되다만 별의 탐색

1. 행성 정도의 별을 찾아

핵융합을 일으키지 않는 작은 천체

별은 가스(기체)가 모인 것이다. 태양의 경우는 2×10^{33}g이나 되는 질량을 갖고 있으므로 그 중력에 의해 가스는 중심부로 끌려든다. 그리고 가스가 중심부를 향해 낙하할 때 중력에너지는 열에너지로 변환된다. 그 결과, 중심부의 온도가 상승하여 수소 원자의 핵융합 반응을 일으키는 온도, 즉 1000만°C를 넘게 된다.

한편, 질량이 작은 별에서는 중력에너지가 유리되어도 중심부의 온도가 1000만°C를 초과하는 일은 없다. 이러한 핵융합을 일으키는 질량의 경계점이 태양 질량의 10분의 1 정도이다.

질량이 작고 내부에서 원자핵 반응을 일으키지 않는 천체는 어느 정도 있을까. 이제까지 설명한 바와 같이 행성계의 탐사 관측 계획에 의해 몇 개의 행성이 검출되었으나, 그 수는 아직 통계적인 논의를 할 정도로 많지 않다. 그러나 그 수는 꽤 많다는 것을 추정할 수 있는 방법은 있다.

예를 들어 앞장에서 쌍성계의 각 별마다의 질량을 여러 가지 방법으로 구할 수 있다는 것을 설명하였다.

무거운 별은 밝으나 평균적으로는 거리가 멀다. 그러므로 고유 운동의 변화를 관측하는 것은 어려우나, 시선 속도(우리에게 가까워지거나 멀어지는 운동의 속도)의 변화를 구하는 분광 관측은 그것보다는 약간 쉽다.

한편, 가벼운 별의 경우에는 광량이 충분하게 있는 가까운 별은 고유 운동의 움직임을 측정하기 쉬우나, 약간 거리가 멀어지면 너무 어두워서 관측하기 어렵다. 분광 관측의 경우도 동일하게 시선 속도의

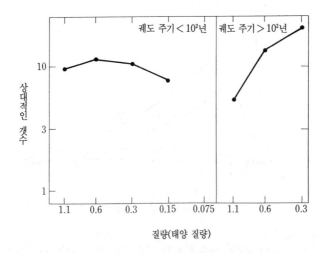

그림 3-1 별의 질량과 수의 관계. 왼쪽 그림은 궤도 주기 100년 이하,
오른쪽은 100년 이상의 쌍성을 나타낸다. 질량은 태양을 1로 한다.

변화를 구하기란 어렵다.

이와 같은 관측의 난이도는 별의 질량에 의존하므로 쌍성의 질량 측정의 어려움을 보정하여 여러 가지 질량의 별에 대한 수의 분포를 구한 결과가 그림 3-1에 나타나 있다.

직관적으로 상상할 수 있듯이 질량이 작은 별이 월등하게 수가 많다는 것을 알 수 있다. 그러나 별로서 빛날 수 있는 한계인 태양 질량의 10분의 1 정도의 별은 관측의 어려움으로 보정량이 매우 커진다. 즉 그림에서 보듯이 질량이 적어질수록 수가 많아지는 경향이 태양 질량의 10분의 1 정도인 천체에 대해서도 성립되는지 어쩐지는 분명하지 않다.

그러므로 여기에서는 태양계의 행성 정도의 질량(태양 질량의 1000분의 1~10만분의 1)을 갖는 천체가 있는 경우에 그것들은 어떠한 형태로 관측되는가를 설명하기로 한다.

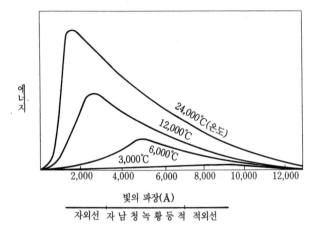

에
너
지

24,000℃(온도)

12,000℃

6,000℃

3,000℃

2,000   4,000   6,000   8,000   10,000   12,000

빛의 파장(Å)

자외선 자 남 청 녹 황 등 적 적외선

그림 3-2 물체의 온도에 따라 어떤 파장의 빛이 강하게 방사되는가를 나타낸
다(파장분포). 예를 들어 1만 2000℃의 물체는 2500Å부근의 자외
선을 가장 강하게 방사하고, 6000℃의 물체는 5000Å부근의 파장의
빛을 가장 강하게 방사한다.

왜 적외선으로 관측하는가

행성 정도의 질량에서는 그 중심부의 온도는 수소 원자의 핵융합
반응을 일으킬 정도로 높지 않다. 그러나 가스가 중심부를 향해 계속
낙하하면서 에너지를 공급하고 있으므로 원래 분자운의 온도보다는
월등하게 높아, 1000℃나 된다.

일반적으로 별의 중심부는 1000만℃나 되나 표면의 온도는 별의
질량과 일정한 관계가 있다. 예를 들면 질량이 큰 별에서는 중심부의
핵융합 반응이 급속하게 진행되고 그 에너지가 별의 표면을 통해 유
출되므로 5만℃나 되는 표면 온도를 갖는 별이 존재한다. 반면, 질량
이 작은 별에서는 에너지의 유출량이 적어 3000℃ 정도밖에 되지 않
는다.

별의 표면에서 빛(전자파)의 형태로 방사되는 에너지는 별의 표면
온도에 따라 여러 가지 파장 분포를 나타내고 있다. 그림 3-2는 여러

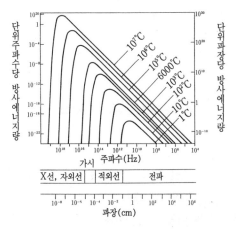

그림 3-3 고온~저온에 걸친 물질의 방사 분포

가지 온도의 물체가 단위 표면적당 방사하는 빛의 파장 분포를 나타
낸 것이다. 사실상 고온의 별은 파장이 짧은 푸른 빛을 강하게 방사하
고 반대로 저온의 별은 파장이 긴 붉은 빛을 강하게 방사하고 있다.

보통 별의 온도보다 더 높은 경우나 낮은 경우를 나타낸 것이 그림
3-3이다. 이 경우의 방사는 파장이 더욱 짧은 자외선이나 X선 또는
긴 적외선으로 퍼져 있다는 것을 알 수 있다. 3000℃의 가스는 파장
1㎛의 적외선을 가장 강하게 방사하고 300℃에서는 10㎛의 것을
가장 강하게 방사한다.

이 그림으로도 알 수 있듯이 행성 정도의 질량의 천체를 직접 포착
하려면 가시광으로 관측해서는 안되고 반드시 파장이 긴 적외선에 의
한 관측이어야 한다.

1983년에 발사된 아일러스 적외선 탐사기는 많은 새로운 적외선원
을 포착하였다. 그러나 그런 적외선은 태양 같은 별의 주변에서 가열
된 행성간 먼지에서 방사된 것이었다. 행성 정도의 질량을 갖는 천체
는 방사선이 약해서 포착할 수 없었다. 인공위성으로 아일러스보다도

구경이 큰 적외선 망원경을 쏘아 올리면 직접 포착할 수 있을지도 모른다.

2. 적외선을 단서로

밝은 밤하늘

밤하늘에서 목성을 보면 참으로 밝게 보인다. 그러나 목성이 낮동안 하늘에 있다 해도 쉽게 찾아낼 수는 없다. 태양 본체는 고사하고 푸른 하늘의 빛보다도 훨씬 어둡기 때문이다.

태양과 목성의 여러 가지 파장의 빛에 대한 밝기(방사 에너지)의 분포를 나타낸 것이 그림 3-4이다. 이것을 보면 가시광(파장 10^{-4}∼ 10^{-5}cm)에서 태양은 목성의 10억 배나 밝다. 등급으로는 22.5등급의 차이다. 즉 목성은 태양이 1등급으로 보이는 거리에 있다면 22.5등급 정도의 어둠이 된다.

많은 사람들은 밤하늘이 캄캄한 어둠인 줄로만 알고 있는 것 같다. 실제로 밤하늘은 희미하게 빛나고 있다. 인공의 조명에 의한 빛도 밤하늘을 밝게 하는 원인 중의 하나이다. 도쿄 도심부의 조명의 강도는 논외로 하더라도, 일본은 어디에 가도 가로등의 빛이 밤하늘을 밝히고 있다. 가소(木曾) 관측소가 있는 산속에서도 1평방초각(秒角)당 19등급의 별이 1개 있을 정도의 밝기이다.

사진(그림 3-5)은 인공 위성에서 촬영한 세계의 밤 경치이다. 워싱턴 대학의 설리번이 인공 위성이 지구를 여러번 돌면서 찍은 것을 합성하여 만든 것이다. 일본이나 미국, 유럽 각지에서 얼마나 많은 양의 빛이 밤하늘을 향해 불필요하게 방사되고 있는가를 잘알 수 있다. 이런 빛이 지구 대기에서 다시 산란되어 밤하늘을 밝게 하고 있는 것이다.

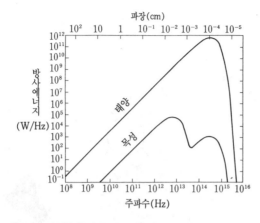

그림 3-4 태양과 목성의 여러 파장의 빛에 대한 밝기의 분포(NASA)

그림 3-5 인공 위성에서 본 세계의 밤(1985, W. T. Sullivan)

사진에서 가장 인공광의 영향이 없는 어두운 곳에 가도, 밤하늘은 1 평방초각당 약 22.5등급으로 빛나고 있다. 이것은 지구 상층 대기가 태양풍 등의 영향에 의해 야광(夜光)으로 빛나고 있기 때문이다.

이 때 한 가지 주의할 점은 인공 위성 등으로 더욱 지구 대기권 밖으로 나가도 밤하늘은 캄캄하게 어둡지 않고, 아직도 절반 정도의 밝

대기권 밖은 어둡지 않다!

기로 빛나고 있다는 것이다. 태양계 공간의 먼지에 의한 산란광, 거기에 어두운 별이나 은하의 희미한 빛이 겹친 것이 그 원인이다.

배경광보다 훨씬 어두운 천체를 찾아내는 것만으로도 어려운데 그바로 곁에 10억 배나 되는 밝기로 번쩍번쩍 빛나는 별(태양)이 있으니 도저히 그러한 천체는 찾을 수 없다.

적외선의 위력

목성의 가시광은 그 대부분이 태양의 빛을 반사한 것이다.

겨울의 추운 날도 햇빛을 쬐면 몸이 훈훈해진다. 태양의 빛에너지에 의해 몸이 데워지기 때문이다. 마찬가지로 목성을 비추는 태양의 빛은 그 일부가 흡수되어 목성을 데우는데 사용된다. 결국 목성의 온도는 135℃ 정도 상승한다. 이 온도로는 파장 30μm 정도의 적외선이 강하게 방사하게 된다.

이 현상이 그림 3-4의 목성 방사에서 보는 2개의 봉우리에 1개가 대응하고 있다. 이것보다도 파장이 긴 적외선으로 보면 태양의 밝기는 목성의 1000배 정도로 낮아진다. 1000배의 광도차라면 꽤 큰 것이나, 10억 배보다는 월등하게 작으니 적절하게 고안만 한다면 관측 가능한 범위이다.

그러나 이런 적외선을 지상에서 관측할 수는 없다. 지구 대기 중의 분자에 의해 흡수되어 지상으로까지 도달할 수 없기 때문이다. 그러므로 아일러스와 같은 적외선 관측용의 인공 위성이 필요하게 된다.

다음에 태양과 다른 질량을 갖는 별의 경우나 그 별의 행성이 목성·태양간의 거리와 다른 거리에 있는 경우는 어떻게 될까. 표 4에서는 다른 질량의 별에 대해서 어떻게 온도가 변하는가를 나타내었다. 무거운 별에서는 300℃ 정도가 높아지나 지상에서 관측하기는 어렵다.

더욱이 행성은 주성과의 거리가 가까워지면 온도가 높아져 0.1천문단위에서는 1000℃를 초과하게 된다. 이 경우에는 지구 대기에 의해

104

표 4 별의 질량과 온도, 기타와의 관계

별의 질량 (태양 질량)	궤도 반지름 (천문단위)	온도 (K)	궤도 주기 (년)	각거리 (0.001초각)	속도변화* (m/sec)
주기 일정					
3	7.6	293	12	76	0.17
1	5.2	135	12	157	0.39
0.3	3.5	57	12	351	0.88
온도 일정					
3	22.6	170	61.6	226	0.1
1	3.3	170	6.0	99	0.5
0.3	0.4	170	0.5	40	2.6

※ 지구 질량의 행성에 의한 별의 속도 변화

흡수되지 않는 파장 수μm의 적외선을 방사하므로 관측이 가능하다. 이 거리는 태양계로 말하면 수성보다 약간 안쪽으로, 행성이 충분히 존재할 수 있는 장소이다. 그러나 주성과 행성을 분리하여 관측할 수 없을 정도로 가까운 거리이기도 하다.

1987년에 자커맨과 베크린은 갈색 왜성 가크라스29~28(G29-28)을 가시광에서 적외선에 걸쳐 관측하여 그림 3-6과 같은 결과를 얻었다. 이것은 오직 하나의 별이 나타내는 스펙트럼이 아니고 다른 천체로부터의 방사를 중복한 것이다. 다음 절에서 설명하겠지만, 별이 탄생할 때쯤에는 중심별부터의 스펙트럼에 더하여 별이 되지 않고 잔류한 가스나 성간 먼지로부터의 방사 스펙트럼이 겹쳐진 것이 여러 개 발견되고 있다. 그러나 G29-38은 탄생하기 시작한 것이 아니고 이미 주계열에 이른 것이다.

이 책의 제1장에서 주계열에 이른 거문고자리의 베가별이나 물고기자리의 베타별의 주변에 원적외선이 발견되고 이 적외선은 중심별에서 100천문단위 이상 떨어진 고리 모양의 저온의 먼지에서 방사된다는 것을 설명하였다. 그러나 G29-28은 더욱 고온이다.

표 5에 G29-38과 그 가까이에 있는 천체(동반성)에 관한 여러 가

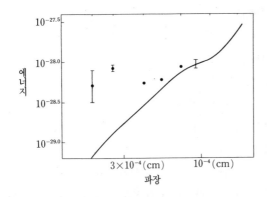

그림 3-6 G29-38별의 방사 에너지 분포.
검은 점은 관측치이고 이론상의 실선보다 위에 있다.

표 5 G29-38 및 동반성의 여러 값

G29-38의 거리		14.1±0.7 pc
〃	온도	11,500K
〃	광도	-2×10^{-3} 태양 광도
동반성(갈색 왜성)의 온도		1200±200K
〃	광도	5×10^{-5} 태양 광도
〃	반지름	0.15 태양 반지름
〃	질량	0.04~0.08 태양 질량

지 값을 나타내었다. 이 천체의 질량은 목성보다 월등하게 크나 원자
핵융합 반응을 일으킬 정도는 아니다.

이러한 종류의 천체는 G29-38 이외에도 몇 개가 관측되어 있다.
그러나 그러한 별들이 우리가 구하는 것 같은 별 가까이에 있는 거대
한 행성인지는 몇 가지 의문이 남아 있다. 제1장 5절에서 보듯이 태
양계의 원반 속에서 행성이 생겨난다고 하며 또한 오른쪽의 동반성의
고온을 고려한다면 태양에 가까운 곳에 있는 휘발성의 고체, 즉 물이
나 암모니아, 탄산가스의 덩어리는 승화하여 없어지므로 목성형의 거
대 행성을 만들 정도의 재료는 남아 있다고 볼 수는 없기 때문이다.

행성을 포착했다!

그런데 행성에서는 두 별의 거리가 0.1천문단위가 아니라 더 가까운 것도 발견되고 있다. 이러한 쌍성이 어떻게 형성되는가 하는 연구는 이제 겨우 시작되었을 뿐이며 상세한 것은 잘 모르고 있다. 캘리포니아 대학의 슈우 등에 의하면 별을 형성하는 가스운이 갖고 있는 각(角)운동량의 차이에 따라 그림 3-7과 같이 크게 세 가지 경우를 구분할 수 있다고 한다.

각운동량이 작으면 단독의 별이 생겨나며 각운동량이 중간 정도이면 별의 둘레에 원반이 잔류하여 행성계의 형성으로 진행한다. 그러나 각운동량이 크면 가스는 고리 모양으로 되어 거기에서 두 개의 덩어리가 생겨 쌍성을 형성한다는 것이다.

고리 모양의 가스에서 2개의 별이 생겨날 때, 아직은 잘 모르고 있는 작용의 효과로, 두 별의 질량차가 생긴다. 그리고 여기서 관측한 적외선을 방사하는 천체(G29-38의 동반성)는 한쪽의 가스 덩어리의 질량이 작아서 별로서는 빛날 수 없었던 것 같다. 만일 그렇다면, 그것은 원소 조성 등으로 보더라도 제2의 지구로서의 조건을 갖출 수 있는 행성이라고는 할 수 없다.

또한 결과적으로는 부정되었지만 적외선을 사용하여 행성계를 다른 방법으로 포착하였다는 논문이 1985년에 발표되었다. 애리조나 대학의 메카시가 밴 비스부르크 카탈로그의 8번별(VB8로 약기)을 관측한 것이었다.

이 관측은 보통의 적외선 관측이 아니라, 간섭기술을 적용한 스페클 관측에 의해 이제까지의 각분해능을 10배나 밝게 한 화상을 얻어 2개의 별을 분리한 것이다. 그리고 그 한쪽 별의 표면 온도는 1360℃이며 태양의 3분의 1의 밝기임을 입증하였다. 같은 애리조나 대학의 해린튼은 고유 운동의 관측으로 근소한 직선 운동에서의 편차를 발견하여 그 천체의 질량이 목성의 50배라는 것을 제시하였다.

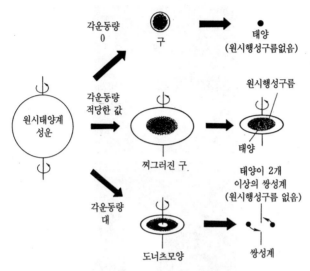

그림 3-7 원시태양계성운의 운명. 성운의 각운동량의 차이에 의한다.

2개의 서로 다른 관측에서 VB8의 행성이 검출되었다는 것으로 이 발견은 사실인 것같이 여겨졌으나, 그 후의 상세한 관찰에 의해 적외선을 방사하고 있는 물체가 별의 주위에 퍼져 있다는 것이 밝혀졌다. 안된 일이지만 결국 행성의 존재는 부정되었다. 그러나 그들의 보고를 계기로 하여 최근에는 많은 연구자들이 적외선에 의한 행성의 검출에 노력하기 시작하였다.

장치의 진보
행성은 아니지만, 행성 정도의 질량을 갖는 별을 검출하였다고 주장하는 적외선 관측 결과가 몇 개 보고되었다. 그러한 별은 항성이나 행성과 구별하기 위해 갈색 왜성이라고 부른다.

적외선으로 인해 관측 기술은 급속하게 진보하고 있다. 1980년경까지는 하늘의 한점씩을 순서대로 주사하는 방법밖에 없었다. 일정한 넓

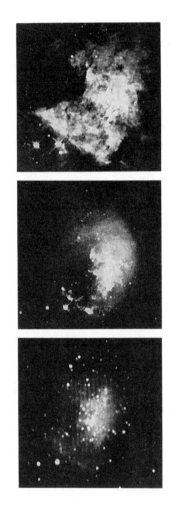

그림 3-8 오리온의 적외선상.
위에서부터 순서대로 가시광, 근적외선, 중간 적외선의 사진

이의 영역을 관측하려면 몇 천 회나 반복하여 측정하여야만 하였다.
그러나 얼마 후에 적외선으로도 TV나 카메라나 CCD에 상응하는 장
치가 개발되었다. 예를 들면 TV는 500×500 그림 요소(画素)이고,

최초에는 10×10 그림 요소 정도였던 것이 현재는 100×100 그림 요소의 적외선 관측 장치까지 있다.

이러한 새로운 장치를 사용하여 비교적 연령이 젊은 오리온 성운이나 황소자리 방향의 적외선 화상을 얻게 되었다. 그 결과, 이제까지 가시광으로는 볼 수 없었던 천체가 계속 검출되고 또한 파장이 길어지는 데 따라 더 많은 천체가 검출되었다.

오리온 성운 방향에서 검출된 천체의 대부분은 이제까지 분자운 속에 있는 성간 먼지의 구름에 의해 은폐되어 있었던 것이 보이게 된 것으로 생각된다.

한편, 황소자리의 천체는 폴레스트 등에 의해 마우나케아 산정의 NASA 3m 망원경으로 상세하게 관측되어 표면 온도나 광도가 정확하게 구해졌다. 그 결과와 이론을 비교함으로써 새롭게 검출된 것 중의 몇 개는 적어도 목성 질량의 6배에서 15배 정도라는 것을 알았다.

이 절에서는 적외선 관측에 의해 다른 별 둘레의 행성을 검출하는 노력이 의욕적으로 이루어지고 있다는 사실을 소개하였다. 그러나 현재까지의 결과로는 이 방법에 의한 행성의 검출은 어렵고, 그보다는 쌍성의 한쪽 별이나 갈색 왜성이란 단독의 천체가 행성과 같은 정도의 질량을 갖고 있는 별로 발견되고 있는 실정이다.

3. 크고 작은 여러 가지 글로불

허셜의 초능력

윌리엄 허셜은 처음으로 항성계(界)의 넓이를 제시한 사람이다. 17세기에 처음으로 케플러나 갈릴레오가 행성계(系)를 논의한 이래 18세기 말까지 태양계의 천체 연구는 크게 진전하였다.

그러나 태양계 외의 세계에 대해서는 별들이 천구상에 붙어 있다는 생각에서 한 발자국도 앞으로 나가지 못하였다. 허셜은 별까지의 거리는 아직 정해져 있지 않으므로 모든 별의 밝기는 일정하다고 보고 별들의 분포를 검출하였다.

이미 설명했듯이 허셜은 현대의 천체 물리학의 기초량인 별의 질량을 결정하는 유일한 단서, 즉 쌍성계의 존재를 제시하였다. 그것에 의해 별만이 아니라 이 책의 목적인 태양계 이외의 행성의 존재를 확인하는 방법이 제공된 셈이다.

앞에서도 언급하였지만 이 두 가지 결과는 서로 모순된다. 당시의 천문학의 정밀도로서는 이 정도의 모순은 있어도 할 수 없다고 말할 수 있으며 현재에도 유사하게 모순되는 결과가 논문으로 발표되고 있다. 그러나 같은 사람이 양쪽을 발견하였다는 점에서 발견자인 허셜은 고민하지 않을 수 없었다.

허셜은 원래는 아마추어 천문가였다. 국왕의 자금 원조나 음악가로서의 수입만으로 관측 활동을 계속하기에는 충분하지 못하여 망원경을 제작하여 팔기도 하였다. 이러한 것이 새로운 기재의 개발에 크게 공헌하였다고도 말할 수 있다. 한편, 허셜은 당시로서는 우수한 기재를 완전하게 사용할 수 있는 능력과, 특히 좋은 눈을 갖고 있었다.

인간의 눈의 능력에는 큰 개인차가 있다. 혜성의 발견에서 근래의 약 20년 사이에 일본인의 공헌은 크다. 좋은 기재와 더불어 좋은 눈으로 끈기있게 하늘을 바라보는 사람이 여러 명이나 있기 때문이다. 이케야·세키 혜성의 발견자인 이케야(池谷) 씨하고 이야기하고 있으면 놀랍다 못해 어처구니가 없을 정도이다. 직업상 주간에는 경면(鏡面) 제작을 하고 있으나, 새벽 2시에는 일어나 개인 날이던 반드시 3시부터 새벽까지 쌍안경으로 별하늘을 관측한다. 그리고 쌍안경으로 볼 수 있는 가장 어두운 별들의 배치까지 외우고 있다. 더욱 놀라운 것은 그의 시력이다. 보통 사람으로는 하나의 상으로만 보여 도저히 구별할 수 없는 2개의 상을 정확하게 식별한다.

별들은 천구에 붙어 있다!?

필자의 연구 그룹에서는 쌍성의 움직임을 조사하기 위해 스페클 관측을 실시하고 있다.

지구 대기의 흔들림 때문에 원래는 점 모양의 별도 1초각 이상으로 퍼진다. 0.1초각 정도도 떨어져 있지 않은 쌍성은 도저히 두 별로 구분되어 보이지 않는다. 또한 50분의 1초라는 단시간으로 대기의 각각 다른 곳에서 도달하는 두 별의 빛은 그 상대적인 위치를 보존하고 있다. 그러한 정보를 컴퓨터를 사용한 화면 처리로 해명하는 것이 스페클 관측이다.

이케야 씨는 0.2초각 정도의 두 별을 식별하는데 어째서 그렇게 어려운 방법을 사용하는가 하고 묻는다. 필자는 그런 것은 식별할 수 없는 것이라고, 처음부터 여기고 있었기에 대답하기가 궁색하였다. 인간이 물체를 볼 때에 보통 10분의 1초 정도 사이의 노출로 보고 있다. 이케야 씨는 더 짧은 시간의 별의 흔들림을 포착하는 능력이 있는 모양이다. 분명히 이케야 씨는 텔레비전을 볼 때, 30분의 1초마다 발신되는 화상으로는 보기가 어려울 것이라고 심술궂게 빈정대고 싶은 정도의 능력이다. 이런 것이 앞에서 말한 것 같은 발견을 이룩할 수 있었다고도 할 수 있다.

암흑 성운의 발견

밤하늘을 망원경으로 보면 수많은 별이 시야에 들어 온다. 은하계의 구조를 조사하기 위해 허셜은 정성껏 각 방면에 있는 별의 수를 세었다. 그 과정에서 뱀주인자리(Ophiuchus)에 별이 전혀 없는 장소를 발견하였다. 그것은 많은 별이 중첩하여 있는 은하수 속에 마치 구멍이 뚫려 있는 것과 같았다.

코페르니쿠스가 '태양계의 중심은 지구이다'라는 생각을 버렸던 것 같이, 허셜도 '태양은 이 우주의 중심이 아니다'라는 선진적인 생각을 하는 사람이었다. 그러나 '이 암흑의 부분이 신의 세계로의 통로'라는

그림 3-9 오리온의 말머리 성운은 암흑 성운이다

생각이 별하늘을 열심히 바라보고 있던 그의 머리 속을 스쳐갔다고
상상하기는 어렵지 않다. 현재 해명되어 있는 바로는 거기에는 별이
존재하지 않는 것이 아니라, 짙은 성간 먼지에 의해 별빛이 은폐되어
있다는 것이다. 이러한 짙은 성간 먼지가 있는 영역을 암흑 성운이라
고 부른다.

  태양계에는 목성같이 큰 천체로부터 작은 행성간 먼지에 이르기까지
여러 가지 크기의 것이 있다. 당연한 일이지만 큰 것일수록 수가 적고,
작은 것의 수는 그림 3-10에서 보는 바와 같이 급격히 증대한다.

  태양계 밖에 있어서도 큰 별의 수는 적고 작은 별의 수가 많은 것은
97쪽의 그림 3-1에서 보는 바와 같다. 갈색 왜성의 존재는 겨우 몇개
의 것이 관측된 정도이므로 아직 어느 정도 있는지 알 수 없다. 그러

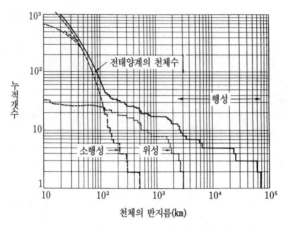

그림 3-10 태양계를 구성하는 천체의 크기별 갯수

나 그것보다 훨씬 작은 성간 먼지가 존재하는 것은 확인되어 있다. 그 것은 행성간 먼지와 같은 미립자이다.

성간 가스 속의 성간 먼지의 비율은 크며, 수소 원자와 헬륨 원자를 제외한 다른 원소의 절반 가까이 된다. 즉 성간 먼지는 은하계 전체에 서 태양 질량의 1000만 배나 되는 질량을 차지하고 있다.

별과 성간 먼지라는 양극단 간의 중간적인 질량과 크기를 갖는 천 체가 어느 정도 있는지는 잘 알려져 있지 않으나, 허셜이 발견한 암흑 성운이 이러한 중간적인 천체에 대한 하나의 가능성을 제시하기 시작 하였다.

별이 탄생하고 있다!

여러 가지 크기나 모양의 암흑 성운이 발견되었다. 별은 거의 없고 뚜렷하게 암흑 성운으로 되어 있는 것부터 후방의 별이 희미하게 보 이는 것까지 성운 자체의 밝기에도 여러 가지가 있다는 것을 알게 되 었다. 지구의 구름에도 태양빛을 통과시키는 것부터 검은 구름까지 물

그림 3-11 백조자리의 그레이트·리프트

방울의 양에 따라 여러 가지가 있는 것과 매우 비슷하다.

　지구에서 보면 가장 넓게 보이는 것은 백조자리(Cygnus)의 '그레이트·리프트'라고 불리우는 대암흑대이다.

　여름 하늘의 별자리를 찾는 기준이 되는 3개의 1등성 베가, 알타이르, 데네브는 은하수의 양측과 속에 있다. 데네브를 포함한 십자형의 긴 선을 따라 웅대하게 은하수가 흐르는 모습은 밤하늘의 약간 어두운 곳에서는 뚜렷하게 볼 수 있다. 허셜처럼 주의깊게 보면 십자가 교차하는 부분에서 남측으로 은하수가 분단되어 암흑 성운이 300광년 이상이나 뻗어 있는 것을 볼 수 있다. 그리고 이 암흑 성운의 건너편에서 현재 별의 탄생이 진행되고 있는 것이 명백하다.

암흑 성운이 300광년 이상이나 뻗어 있다.

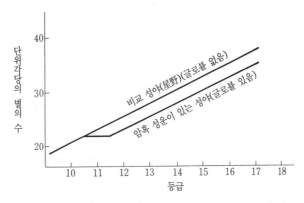

그림 3-12 글로뷸이 있는 방향과 없는 방향의 등급별 별의 분포

글로뷸이란 무엇인가

작은 암흑 성운 속에는 원형을 하고 있는 것이 많으며 지름은 대략 10광년부터 0.1광년 이하의 것까지 있다. 그것들은 작은 구(global)와 같은 것이라는 뜻으로 글로뷸(globule)이라고 이름지어졌다.

글로뷸의 질량은 그 후방에 있는 별의 빛이 어느 정도 감광되는가에 의해 구해진다. 그 곳에 있는 성간 먼지의 밀도가 높을수록 빛의 감광이 커지기 때문이다. 그러므로 밀도에 전(全)부피를 곱하면 질량이 계산된다.

글로뷸이 있는 방향과 없는 방향에서의 각 등급별 별의 수가 구해졌다. 그림 3-12와 같이 글로뷸이 있는 방향에서는 없는 방향과 같이 단조롭게 별의 수가 증대하는 것이 아니라, 어느 등급부터 앞의 검은 별의 수가 급격히 감소한 것같이 된다. 이 수의 차를 등급으로 환산하면 감광량을 구할 수 있다.

근년에는 전파에 의한 분자 관측으로도 글로뷸의 질량을 보다 정확하게 구할 수 있게 되었다. 그 결과에 의하면 글로뷸의 내부는 밀도가 높고, 거기에는 다량의 성간 먼지가 존재하고 있다.

글로뷸의 내부에서는 아직 별과 같은 천체가 에너지를 방출하지 아

표 6 글로뷸의 질량

천체	평균반지름 (광년)	질량 (태양질량)
암흑 성운	12	2,000
큰 글로뷸	3	60
작은 글로뷸	0.2	0.2

니하므로 글로뷸을 가열하는 열원은 주로 외부로부터의 빛이나 우주선(線)의 에너지이다. 그러나 도달한 대부분의 빛에너지는 표면 가까이의 성간 먼지에 의해 흡수되어 버리므로 내부로 유입될 수 없다. 또한 내부로부터는 적외선의 형태로 에너지가 연속 방출되므로 글로뷸의 내부 온도는 10K 정도의 저온이다.

그렇지만 통상의 성간 공간의 온도는 100K이고 밀도는 1cm³당 원자가 1개 정도이다. 이러한 상태에서 원자끼리 결합한 분자를 형성하기란 거의 불가능하다. 지구 대기는 300K나 되는 높은 온도이지만 산소 원자나 탄소 원자는 각각 결합하여 산소 분자나 탄산가스 분자의 형태로 존재하고 있다. 이것은 지구 대기의 밀도가 성간 공간의 100경(京) 배나 되기 때문이다.

보통의 성간 공간이 그러한데 비해 글로뷸 속에서는 밀도가 성간 공간의 1000배에서 100만 배까지이고 또한 온도는 10K 정도에 불과하므로 여러 가지 분자가 형성된다. 특히 일산화탄소(CO) 분자는 다량으로 존재하고 있다. CO분자가 방사하는 파장 2.6mm의 전파 강도를 관측하면 CO의 양이 수소 원소량과 거의 비례하는 사실로서 글로뷸의 질량을 구할 수 있다(우주에서의 원소 존재 비율의 표 참조). 이 비례 관계는 관측 영역의 밀도와 온도에 따라 근소하게 변화하나 성간 감광량에서 구하는 것보다는 정확한 질량을 구할 수 있다.

이렇게 구한 글로뷸의 질량을 표 6에서 볼 수 있다. 태양 질량의 몇천 배나 되는 것부터 수배 정도의 것까지 여러 가지가 있다. 글로뷸

자체가 수축하고 또는 분열하여 여러 개의 덩어리로 된 다음에 수축하여 지구 정도의 작은 별이 생길 가능성이 높다. 그러나 여기에 제시된 질량보다 작은 글로뷸은 발견되어 있지 않다.

별의 알을 산광성운에서 찾는다

질량이 작은 것—즉 가능성으로 보면 별이 되다가만 지구와 같은 글로뷸이 사실상 있는지 없는지 잘 모르나, 글로뷸을 그림자로서 윤곽을 나타나게 하는 후방의 광원, 즉 그리 많지 않은 별의 갯수 때문에 검출하지 못하는 가능성도 크다. 더욱 연속적인 배경광인 산광 성운을 관측하면 작은 질량의 글로뷸은 검출되게 마련이다.

산광 성운은 성운의 중심에 있는 고온별의 빛에 의해 전리한(원자에서 전자가 제거된) 가스가 빛나고 있다. 장미 성운과 같은 지름 100광년의 것이나 오리온 성운의 100광년의 것에서부터 1광년 정도의 것도 있다. 전리한 가스는 1만°C나 되는 고온이 되므로, 압력이 돌연히 100배나 된 것 같은 것으로 성운의 밀도가 낮은 쪽에서 가스가 매초 10km나 되는 속도로 팽창하고 있다.

산광 성운을 빛내는 중심별의 수명은 100만 년에서 1000만 년 정도로 짧다. 다음 장에서 별의 탄생에 대해 상세하게 설명하겠지만, 고온의 별을 중심에 갖고 있는 산광 성운은 아직 형성된 후에 별로 시간이 경과하지 않은 것만은 확실하다.

산광 성운이 전리되기 이전에 있었던 저온의 가스운 중에 밀도가 낮은 것은 점차로 전리하나 밀도가 높은 작은 가스 덩어리는 전리되지 않고 잔류한다.

전리한 가스는 매우 압력이 높으므로 잔류한 가스 덩어리의 주변에서 계속 압박되어 둥근 모양을 이룬다. 이것이 글로뷸이다.

산광 성운인 장미 성운의 글로뷸을 자세히 보면 그림 3-14와 같이 중심에서 바깥쪽으로 향해 뻗은 모양(꼬리가 달린 타원형)으로 되어

그림 3-13 글로불이 크게 보이는 이글 성운

있다. 이것은 중심별에서 분출되는 초속 1000km나 되는 플라즈마의 흐름으로 글로불이 날리고 있는 것을 나타내고 있다.

그렇지만 산광 성운 속에 뚜렷히 검은 알맹이로 보이는 이들 글로불의 질량은 태양 정도이거나 그 수십분의 1이므로 행성의 질량으로서는 너무 크다. 그러한 각각의 글로불은 자체의 중력 작용으로 수축할 수 있는 단계까지 성장하였으므로 그 중에서 별로서 빛나기 시작하는 것도 많을 것이다. 또한 질량이 작은 것은 별로서 빛나지 못해도 산광 성운의 수명이 끝난 후에는 적외선을 방출하면서 희미하게 빛나는 갈색 왜성으로 남을 것이다.

적외선이 아닌 가시광으로 확실하게 포착할 수 있는 글로불의 실제

그림 3-14 장미 성운의 글로뷸 모양에는 방향성이 있다

지름은 비교적 큰 것에 한한다. 그 이유는 글로뷸을 포함하는 산광 성운의 거리가 수천 광년 이상이라는 먼 곳에 있기 때문이다. 또한 지구 대기에는 흔들림이 있으므로 1초각보다 작은 글로뷸은 주변의 산광 성운의 빛과 겹쳐져서 보이지 않기 때문이다.

오리온 성운은 왜 푸른가

필자는 1972년부터 74년에 걸쳐 독일의 하이델베르크에서 연구 중에 영국의 맨체스터 대학의 천문학 교실에 초대받은 일이 있다. 그때 요청받은 강연 내용은 성간 먼지에 의한 빛의 반사·산란·흡수의 문제였다. 강연 후에 모두 함께 맥주를 마시러 가게 되었는데, 그 중에 나보다 두 살 어린 도피터가 있었다. 그는 성운에서 나오는 방사의 파장

별 강도 분포를 정확하게 구하는 관측을 계속하고 있었다.

맥주를 마시며 떠들면서 이것 저것 세상 이야기를 하고 있던 중에 비나 안개가 많은 영국의 일기 이야기를 하게 되었다. 맑게 개인 푸른 하늘을 볼 수 없는 것은 서운하다고 누군가가 말했다. 그때, 도피터는 자신이 관측하고 있는 오리온 성운도 푸르지 않아 곤란하다고 안타까워 하였다.

산광 성운의 빛은 대부분이 휘선(輝線)으로서 방사되고 있다. 즉 태양같이 연속적인 스펙트럼을 이루는 빛은 극히 적다. 그러나 성운 속에 성간 먼지가 남아 있으면 그것이 별의 빛을 산란시켜 연속광을 방사한다. 이때 성간 먼지는 푸른 빛만을 산란하므로 마치 지구 대기에 의한 산란광으로 하늘이 푸르게 보이는 것같이 푸른 빛이 붉은 빛보다 강하다. 도피터는 휘선 부분을 제외한 연속광의 관측에서 오리온 성운의 바깥쪽 부분은 보통대로 푸른 빛이 강했으나, 안쪽 부분은 반대로 붉은 빛이 강한 사실 때문에 고민하고 있었다.

도피터는 농담으로 "오리온 성운이 우리처럼 술집에서 술먹고 빨개진 것일까"라고 말하였다. 이 농담의 일부는 후에 전파 관측으로 에틸알코올이 발견됨으로써 사실이란 것이 입증되었다. 그 양은 인류가 지금까지 마셔온 전체 알코올양보다도 많고, 더군다나 물을 타서 희석시켜 마신 것까지도 포함된다. 물론 오리온 성운 중심부의 연속광이 붉은 것은 술을 먹었기 때문은 아니다.

필자는 즉석에서 중심별의 아주 가까이에 (중심별에서 방사한 빛의) 반사각이 90° 전후가 될 만한 성간 먼지가 있으면 간단하게 설명될 수 있다고 답하였다. 그리고 주간의 강의를 다시 한 번 반복하게 되었다. 인간은 자신이 직접 관계되는 일은 열심히 들으나, 그렇지 않으면 딴 데 정신을 팔게 마련이다. 그때부터 도피터와 필자의 공동 연구가 시작되었다.

오리온의 중심별 가까이에 성간 먼지가 있으면 도피터의 관측은 간

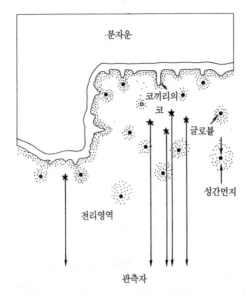

분자운

코끼리의 코

글로뷸

성간먼지

전리영역

관측자

그림 3-15 오리온 성운 속의 글로뷸 분포의 상상도.
코끼리의 코가 진화하여 글로뷸이 된다.

단히 설명할 수 있다. 그러나 강력한 방사를 나타내는 중심별이 있음
에도 그 주변부에 성간 먼지가 어떻게 하여 존재가 가능할까 하는 것
이 큰 문제였다. 중심별의 빛으로 성간 먼지는 고온이 되어 1만 년이
되지 않은 사이에 승화하고 만다. 그것은 다시 빛의 방사압에 의해 날
려 버려지고 만다.

그 후로 두 사람은 술집이나 연구실에서 논의한 끝에 엄청나게 큰
성간 먼지의 덩어리가 존재하고 있으면, 즉 작은 글로뷸의 형태로 존
재한다면 중심별의 수명보다 긴 기간 동안에는 파괴되는 일이 없다는
결론을 얻었다. 도피터가 관측한 산란광이 글로뷸 표면에서 떨어져 나
가 얼마 되지 않은 성간 먼지에 의한 것이라면 무방하다(그림 3-15
참조).

우리 그룹은 그 후에도 이러한 글로뷸의 존재를 입증할 간접적인

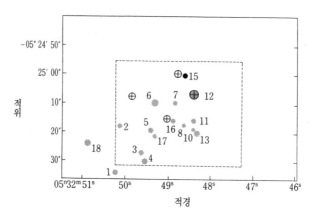

그림 3-16 오리온 성운 중심부의 고밀도 전리 가스 덩어리

증거를 여러 개 제시하였다. 1986년에 이르러 위스콘신 대학의 처치웰은 개구(開口) 합성 전파 간섭계라는 도구를 사용하여 오리온 성운의 중심부를 관측하였다. 이 관측 방법은 고각 분해능을 얻는 데 매우 유효한 것으로 1초각보다 훨씬 작은 고밀도 전리 가스의 덩어리를 여러 개나 발견하였다(그림 3-16). 이것은 중심부보다 높은 밀도의 덩어리 표면부가 전리되고, 그 부분이 고압이 되어 가스가 성운 가스 속으로 유출한 것으로서, 그 전리한 가스가 전파를 방사하고 있었다. 그것은 우리가 10년 전에 예언한 것과 전적으로 같은 것이었다.

오리온 성운은 가장 가까운 산광 성운이므로 아직 다른 산광 성운에서는 이러한 고밀도 가스 덩어리는 발견되지 않았다. 그러나 보다 높은 각분해능의 관측을 하면 아마도 발견될 수 있을 것이다.

오리온 성운의 경우에 이제까지의 자료를 종합하면 글로뷸의 질량은 목성 정도의 것부터 그 수100분의 1, 즉 지구 정도의 것까지 존재하고 있다. 오리온 성운의 중심별의 수명은 아직 100만 년 정도 남아있으므로 글로뷸의 표면은 점차로 이탈되고 있으나, 계산에 의하면 100만 년 정도로는 가스가 전리되거나 성간 먼지의 승화가 끝나는 일은 생길 수 없을 것이다.

성간 공간에는 이렇게 만들어진 행성 질량 정도의 천체가 다수 존재할 가능성이 커졌다. 그러나 앞에서 언급했듯이 그러한 것을 직접 관찰하는 방법은 현재로서는 없다.

지름 10km 정도의 천체가 태양계의 중심부에 낙하하면 혜성이 되어 발견될 것이라고 주장하는 천문학자도 있다. 유명한 영국의 휠은 이렇게 도래하는 혜성에 의해 태양계 밖에서 만들어진 생명이 운반된다고 주장하기도 한다. 휠의 설에 찬성하는 사람은 적으나, 성간 공간에 행성 정도의 질량을 갖는 것부터 눈사람 정도, 그리고 0.0001cm의 성간 먼지까지 여러 가지 크기의 천체가 존재한다는 것은 확실하다.

제 **4** 장
행성의 요람

1. 별은 이렇게 태어난다

별을 낳는 거대한 가스운

별의 대부분은 분자운이라고 불리우는 거대한 가스운 속에서 탄생한다. 일산화탄소 분자의 전파 관측에 의하면 태양 질량의 몇 십만 배가 되는 분자운이 여러 개나 존재하는 것으로 알려졌다. 그 대부분은 수백 광년의 넓이를 갖고 있으며 나중에 설명하겠지만 산광 성운과도 관계가 있다.

거대한 가스 덩어리가 있어도 그것이 수축할지 확산할지는 두 힘의 균형에 의해 결정된다. 즉 분자운 자체의 중력은 분자운을 압축하려고 하고, 반면 분자운 내부의 열에 의한 가스압은 분자운을 확산시키려고 한다.

보통의 분자운으로 되어 있지 않은 성간 가스에서는 가스압이 강하므로 가스는 사방으로 흩어지려는 경향이 있다. 그러나 분자운은 온도가 10K 정도 낮으므로 가스압이 약하다. 또한 거기에다 질량이 크고, 따라서 중력도 강하므로 수축을 시작한다. 즉 한번 분자운 같은 것이 이루어지면 그 다음부터는 수축하여 굳어져갈 뿐이다.

온도가 충분히 낮은 가스 덩어리에서 가스는 가스압에 의한 영향을 거의 받지 않으면서 수축하여 중심을 향해 낙하한다. 이러한 낙하 방법을 자유 낙하라고 한다. 이 때, 가스 덩어리의 수축 시간은 가스 덩어리의 밀도에만 의한다고 알려져 있다. 그리고 거대 분자운 전체의 자유 낙하 시간은 수천만 년으로 계산되어 있다.

그렇다고 거대 분자운이 수축하여 그 상태로 하나가 된 별은 존재하지 않는다. 만일 존재한다 해도 그러한 별의 수명은 1만 년보다 짧고, 혹시라도 발견될 가능성은 매우 낮다고 보아야 할 것이다.

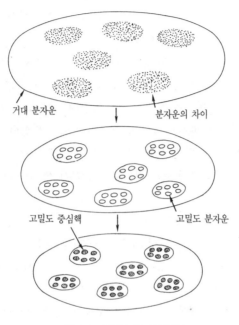

그림 4-1 거대 분자운의 분열

　몇 백 광년이나 펼쳐져 있는 거대 분자운이 어디에서나 동일하게 수축하기란 어렵다. 은하계의 다른 영역에서 생겨나는 여러 가지 현상의 영향을 받아 분자운의 내부에는 반드시 밀도의 차이가 발생한다. 예를 들면 초신성 폭발로 흩어진 고속의 플라즈마가 분자운의 표면을 누르거나 혹은 우주선(線)이 분자운 내부를 가열하므로 가스가 더욱 널리 퍼지기도 하는 것이다.

　어쨌든, 가스 덩어리 속에서 일단 밀도의 차이가 발생하면 바로 앞에서 설명했듯이 밀도가 높은 부분의 자유 낙하 시간은 짧아진다. 즉 가스는 밀도가 높은 영역을 향해 급속하게 수축한다. 이러한 차이는 거대 분자운 전체에서 생기므로 그림 4-1에서 볼 수 있듯이, 하나의 분자운 속에는 여러 개의 덩어리가 형성된다. 이렇게 형성된 덩어리 자체도 동일하게 수축하기에는 아직 너무나 크므로 다시 작은 덩어리로 분열하여 각각 또 수축하게 된다.

거대 분자운이 분열·수축하는 단계가 어느 정도로 작은 단계까지 진행할 것인지는 흥미로운 문제이다. 점점 작아져서 태양 질량 정도가 되고, 다시 분열을 반복하여 목성 정도의 질량이 되고, 다시 지구 질량에서 소행성의 질량까지… 식으로 생각하여도 무방할런지. 만일 그렇다면 먼저 장에서 설명한 산광 성운 속의 글로뷸 같은 것은 생각하지 않더라도 지구 질량의 천체는 의외로 간단하게 생겨날 수 있다.

구름의 분열은 왜 멈출까

분자운의 가스 덩어리가 낙하(수축)하면 중력에너지는 운동에너지로 전환하여 분자는 고속으로 운동하게 된다. 이 때 분자가 그대로 자유 낙하하면 분자의 낙하 속도가 빨라질 뿐이고 그 밖에는 아무 일도 생기지 않는다. 그러나 실제로는 수축이 진행되면 분자의 속도가 빨라지고 밀도도 높아지므로 분자끼리의 충돌이 생긴다. 이 때 분자의 운동에너지는 열에너지로 변한다. 열에너지가 축적되어 가스 온도가 상승하면 분자운의 압력이 증대하여 낙하하는 가스를 내부에 가두려고 한다.

분자운 수축의 초기 단계에서는 분자운 내부에는 열이 별에 축적되지 않는다. 즉 내부에 있는 성간 먼지가 분자와 충돌하여 에너지를 획득하고, 그 에너지를 적외선으로서 우주 공간에 방출하고 있기 때문이다. 실제로 베가의 주변에서 먼지의 원반을 발견한 아일러스 위성은 분자운 속에서 다수의 적외선원을 찾아냈다.

그렇지만 분자운 분열의 초기에 방사되는 적외선은 면상(面狀)으로 퍼져 있고 또한 매우 약하므로 포착할 수가 없다. 따라서 몇 단계까지 분열이 진행한 다음에 수축에너지가 적외선으로 전환된 것이 아일러스에 포착되었던 것이다.

제4장 행성의 요람 131

분열 과정이 진행하는 데 따라 분열한 가스 덩어리의 밀도는 점점 높아진다. 당연히 내부의 성간 먼지의 밀도도 높아진다. 성간 먼지는 효율은 좋지 않으나 적외선을 흡수하므로 흡수된 적외선의 에너지는 성간 먼지를 가열하고 성간 먼지는 다시 적외선을 방사한다.

결국 에너지는 가스 덩어리에서 우주 공간으로 적외선으로서 유출된다. 그러나 가스의 밀도가 높아지는 데 따라 에너지의 내부 체재 시간이 길어져 가스 덩어리의 온도를 높게 유지할 수 있게 된다. 이러한 상태에서는 다음의 수축 단계에서 가령 밀도의 차이가 생겼다고 하여도 그 밀도 차이는 높은 가스압에 의해 곧 확산되어 주위의 밀도로 되돌아간다. 즉 독립적인 가스 덩어리는 이루지 못하고 분열은 그 단계에서 멈춘다.

분자운의 중력에너지만이 순수하게 가스 덩어리의 온도 상승에 이용된다면, 그 분열은 계산상으로 태양 질량의 수십분의 1에 이를 때까지 진행한다. 즉, 우주에는 갈색 왜성(별의 중심부에서 수소 원자의 핵융합 반응이 일어나지 않는 저온의 별)만이 존재하게 된다. 그러나 실제는 그렇지 않고 당연한 일이지만 더 무거운 여러 가지 질량의 별이 있다.

그러므로 중력 이외의 가스 덩어리에 에너지가 주입되는 다른 방법이 있게 마련이다. 그림 4-1은 분자운에서 작은 가스 덩어리로 정연하게 분열되어가는 그림이 그려져 있다. 그러나 실제는 이와 같이 진화하는 경우는 거의 없고 분열로 생긴 가스 덩어리 자체가 자유로운 운동을 하여 충돌 등을 일으킨다. 그리고 충돌은 분열 과정이 앞선 단계보다 많이 생겨나게 되며 곧 분자운 속의 가스는 일정한 난류 상태를 이룬다고 볼 수 았다.

가스 덩어리 내부의 난류의 정도에 따라 더 이상 수축할 수 없는 단계의 가스 덩어리의 질량이 결정되고 태양 질량 전후의 별도 형성된다.

가스의 난류가 별의 크기를 결정한다

이러한 난류가 있다는 사실은 행성계의 형성에 있어 매우 중요한 일이다. 만일, 그러한 난류가 없이 조용히 수축한다면 이미 설명했듯이 가스 덩어리의 질량이 지나치게 작아질 뿐만 아니라, 가스 덩어리는 구상의 형태를 유지하면서 균일하게 수축하여 단독의 별이 되고 만다. 즉 태양과 행성으로 이루어지는 계(系)는 생겨나지 않는다. 이와 같이 가스의 난류가 행성계의 형성에 있어서 어떠한 작용을 하는가는 다음 절에서 더욱 상세하게 설명하기로 하자.

별이 별을 부른다

이상에서 설명한 줄거리대로 거대 분자운의 비교적 밀도가 높은 곳이 계속적으로 분열하여 태양 정도의 질량을 갖는 별이 형성되었다고 보자. 이 때 원시성에서 전(前)주계열성(안정하게 빛나는 주계열성에 이르기 전 단계의 별)에 이르는 단계에서 가스의 방출에 의해 별 주변의 분자운에 에너지가 주입된다. 또한 태양처럼 안정하게 빛나는 주계열성이 되면 빛에너지를 주변의 분자운에 안정된 형태로 계속 공급할 수 있게 된다. 따라서 이러한 다량의 에너지 공급이 있으면 주계열성의 주위에 있는 가스 덩어리의 분열은 태양 질량의 10배 이상의 곳에서 멈추게 된다.

그러나 그러한 큰 질량의 별은 단시간에 진화한다. 즉 잠깐 사이에 주계열성이 되어 표면 온도가 수만°C가 되는 별로서 다량의 에너지를 주변에 방출한다. 그 뿐만 아니라 방출되는 빛에는 수소 원자를 전리하는 자외선이 다량으로 함유되어 있으므로 가까이의 성간운(星間雲)을 산광 성운으로 빛나게 한다. 산광 성운은 1만°C의 고온이며 압력도 높으므로 전리되어 있지 않은 주위의 분자운을 압박하여 그 밀도를 상승시킨다.

분자운의 밀도 상승은 앞에서도 설명했듯이, 분자운의 수축 시간을 단축시켜 별의 탄생을 가속시킨다. 또한 앞에서 설명한 방법대로 가

그림 4-2 오리온 영역의 연대순의 별 분포.
실선이 분자운이고, 점선이 성협 l_a, l_b, l_c, l_d의 순으로 오래된 것이다.
l_d는 오리온 성운 자체이다. l은 은경(銀經)

스 덩어리는 에너지가 공급됨으로써 질량이 큰 별이 형성되기 쉽게
된다. 이런 과정이 오리온 성협(星協)이나 전갈, 센타우루스 성협(星
協)에서 볼 수 있는 별이 연대순으로 배열하는 상황을 작출하게 한다.
또한 이상의 과정이 거대 분자운의 한쪽 끝에서 산광 성운을 거의 틀
림없이 보게 되는 이유이기도 하다.

거대 분자운 속에 질량이 큰 고온별이 탄생할 때쯤에는 분자운의
어느 부분에서나 분열은 꽤 진행되어 있다. 산광 성운과 접하는 분자
운은 산광 성운의 가스압으로 압축될 뿐만 아니라, 고온별에서 방사하
는 자외선에 의해 점점 표면이 전리되고 이탈된다. 수소 원자의 전리
능력은 밀도가 높으면 크게 저하되므로 약간 밀도가 낮은 곳은 차례
로 분자운 속으로 들어가나, 밀도가 높은 곳은 전리되지 않은 채로 잔
류한다. 이렇게 해서 생긴 모습을 '코끼리의 코'라고 하여 산광 성운에
서 자주 볼 수 있다(그림 4-3). 네덜란드의 포타쉐는 여러 가지 모

그림 4-3 코끼리의 코(화살표)

양의 코끼리의 코와 글로뷸을 비교하여 그림 3-15(123쪽)의 순(분자
운→코끼리의 코→글로뷸)으로 성장한다고 주장한다.

앞의 절에서 오리온 성운 속의 글로뷸에 대해 설명하였는데 이러한
글로뷸도 산광 성운과 분자운과의 경계면을 통해 생겨난 것으로 여겨
진다. 오리온 성운의 중심별은 탄생한지 수만 년밖에 경과하지 않은
젊은 별이다. 또한 충분하게 분자운을 펼쳐지 않으므로(즉, 밀도가 낮
은) 활발하게 분자운을 전리하고 있다. 그 결과로 작은 글로뷸만이 분
자운에서 분리되어 성운 속으로 흘러 나오고 있다.

2. 행성계의 탄생

회전하는 가스 덩어리
거대 분자운이 차례로 분열하여 별로서 안정하게 빛나기 이전의 시

점에서 별이 되는 가스와 그 주변에 잔류하는 가스는 어떻게 작용하는지를 알아보자.

앞에서도 언급했지만 거대 분자운이 분열하는 각 단계에서 여러 가지 형태로 에너지가 주입된다. 분자운 전체의 수축에 수반하여 분열 가스 덩어리도 움직이고 있으나, 구름의 중심을 향해 동일하게 낙하하는 것이 아니라 가스 덩어리끼리 충돌이 생긴다. 그 충돌도 정면 충돌하는 경우는 적고 측면 충돌이 수없이 일어난다. 그러므로 각 가스 덩어리에 공급되는 에너지는 고르지 못하다. 그 밖에 초신성의 폭발에 수반하는 가스 흐름의 충돌, 우주선의 충돌도 있다. 또한 먼저 빛나기 시작한 별부터의 빛에너지의 방사가 있다. 이러한 충돌이나 방사 에너지에 의해 분열한 가스 덩어리의 내부에는 밀도나 온도의 차이가 생겨나게 된다.

이러한 상황하에서 분열이 몇 단계 진행한 다음에 형성된 가스 덩어리는 대부분의 경우 전체로서 근소하게 회전한다. 나고야(名古屋) 대학의 후쿠이(福井) 등은 거대 분자운 속을 통과하고 있는 은하계 자장이 은하 회전에 수반하여 세수 수건을 짜는 것같이 말려들어 가면 분자운 속의 분자는 자장의 움직임에 따르므로 분자운 속의 분자 밀도는 높아지고, 그 결과 수축 시간이 짧아진다고 주장하고 있다. 이 경우에도 자장이 말려 들어가려면 분열 가스운은 회전하게 된다.

별이 되는 가스운의 크기는 1광년(10만 천문단위, 100경cm) 정도이다. 이것을 거대 분자운에 대해 작다는 뜻으로 '고밀도 중심핵'이라고 부른다. 고밀도 중심핵도 전체로서 근소하게 회전하며 일정한 값의 각 운동량을 갖고 있다.

쌍성의 탄생

전파 망원경으로 거대 분자운 속의 CO분자나 CS분자의 방사를 관측하면 고밀도 중심핵의 밀도가 얻어진다. 대체로 1cm³당 원자가 수만

개, 온도가 10K인 것이 전형적인 밀도이다. 이런 상태의 가스 덩어리
는 가스압과 중력이 거의 균형잡힌 상태에 가까우므로 그 이상의 분
열은 일어나지 않는다.

 그러나 아직 잘 알려져 있지 않는 어떤 작용, 아마 고밀도 중심핵끼
리의 충돌이나 먼저 생긴 별의 영향에 의해 전체로서 다시 가스의 수
축이 시작된다. 고밀도 중심핵끼리의 충돌은 가스 덩어리에 에너지를
부여하게 되므로 수축으로 향하기보다 반대로 확산으로 향할 가능성
이 높으나, 충돌 방법에 따라서는 운이 좋게 수축으로 향하는 것도 상
당히 많다. 이러한 메커니즘은 아직 충분하게 해명되어 있지 않으나
별이 실제로 존재하고 있으므로 어떤 방법으로든지 다시 수축이 시작
되는 것만은 분명하다.

 수축에 따라 가스 덩어리는 전체의 회전 속도가 빨라진다. 최초의
회전 속도가 근소하여도 10분의 1이라도 수축하면 각운동량은 보존되
므로 100배의 속도가 된다.

 고밀도 중심핵에서는 그 중심부의 밀도가 높으므로 가스는 급속하
게 수축, 낙하한다. 회전하는 가스가 수축하는 것이므로 회전축에 따
른 방향에서는 급속하게 수축하여 가스는 원반상을 이룬다. 이 때 최
초에 갖고 있던 각운동량의 차이에 의해 앞에 나온 그림 3-7(107쪽)
과 같이 대분하여 세 가지 경우를 생각할 수 있다.

 각운동량이 거의 0인 경우에 가스 덩어리는 구상의 형태를 유지하
면서 수축한다. 이것이 단독별이 형성되는 경우이다. 또한 각운동량이
있으면 원반이 된다. 이 때 작은 각운동량의 경우에는 중심부의 밀도
가 높은 원반이 되고 중심의 가스는 별이 된다. 큰 각운동량의 경우에
는 원반상으로는 가능하나 중심으로 가스는 집중하지 않고 같은 모양
또는 고리 모양을 이루게 된다. 이 때 고리에 밀도 차이가 있으면 고
리 속에서 분열이 생겨 쌍성의 탄생을 보게 된다.

 쌍성인 경우, 두 별의 거리가 여러 가지라는 것은 제2장 1절에서 설

명하였다. 실시(實視) 관측으로 발견할 수 있을 정도의 것은 두 별의 거리가 100천문단위보다 먼 것이 대부분이다. 한편, 분광 쌍성으로 발견되는 것은 1천문단위보다 가까운 것이 많다. 특히 식쌍성은 태양과 수성의 거리, 즉 0.4천문단위보다 가깝고 그 중에는 두 별이 거의 접촉하고 있는 것까지도 있다. 이러한 차이는 고밀도 중심핵이 생겼을 때의 내부의 각운동량의 차이에 의한 것으로 여겨지고 있다.

다중 쌍성의 수수께끼

필자의 연구팀은 매년 멕시코 성베드로 천문대의 구경 212cm 망원경을 사용하는 관측을 하기 위해 나들이 한다. 로스앤젤레스부터 자동차를 전세내어 남쪽으로 달려 국경을 지나 엔세나다의 시가까지 300km를 간다. 거기서부터 천문대의 지프로 털털거리는 산길을 6시간 달려 해발 3000m의 성베드로 산정 가까이의 천문대에 도착한다. 사막지대를 달릴 때는 땀을 흘리지만 산정은 눈속이다.

당연히 밤에는 관측하고 아침부터는 자지만, 자는 시간은 일본에서의 밤시간과 맞먹는다. 그러므로 로스앤젤레스에 도착하였을 때 8시간의 시차로 밤과 낮을 반전시키고 관측을 시작할 때 다시 밤과 낮을 반전시켜야 하므로 이만저만한 고역이 아니다.

우리는 거기에서의 스페클 관측에 의해 분광 쌍성의 분리를 시도하였다. 현재까지 300개 정도의 분광 쌍성을 관측하였으나 분리한 것은 두 별의 거리가 10천문단위 이상의 것만이었다. 그러나 우연한 기회에 두 별의 거리가 0.1천문단위 전후의 분광 쌍성도 관측할 수 있었다. 해석한 결과, 그 중의 대부분의 것은 또 하나의 별이 있다는 것을 알게 되었다. 즉 삼중 쌍성으로 되어 있고 분광 쌍성의 두 별로부터의 거리는 수십 천문단위였다.

그런데 바텐 등은 다중 쌍성의 상세한 통계로서 제3성 이후의 천체는 같은 분자운 속에서 생겨난 별이 포착된 것이라고 말하고 있다. 그

설은 실시 관측의 자료에 의한 것이며, 따라서 100천문단위 이상 떨어진 것밖에 검출되지 않았기 때문이다.

캘리포니아 대학의 슈우 등도 고밀도 중심핵은 그 안쪽 부분이 빨리 수축하여 별이나 원반을 형성하나 그 안쪽과 바깥쪽의 경계는 수백 천문단위라고 한다.

반면, 우리들의 관측은 수십 천문단위 이내에 있는 삼중 쌍성의 존재 비율은 비교적 크다는 것을 보여 주고 있다. 이 양자의 말을 모순 없이 연결시키려면 형성된 원반 속에 연달아서 단계적인 분열이 일어나야만 한다. 그러나 고리 모양의 부분에서 분열을 일으켜 이중성을 형성하기보다 원반이 수축하는 각 단계에서 별 정도의 덩어리를 남기고 별을 형성하는 쪽이 어렵다. 이것은 앞으로 해결해야 할 문제이다.

행성계의 형성에 있어 중요한 것은 그림 3-7(107쪽)의 두번째 경우이다. 즉 각운동량이 중간 정도이고 밀도가 높은 중심부 둘레에 원반이 형성되어 있다. 그리고 그 주변에는 아직 낙하하지 않은 가스가 구상으로 펼쳐 있다. 이러한 원반의 존재가 어떻게 확인되었는가를 다음에 설명하기로 하자.

분자 가스의 원반을 엿보다

이미 설명했듯이 원반의 중심부에 있는 가스가 모여 별이 된다. 중심부의 밀도가 점점 높아져 일정 밀도 이상을 이루면 위에서 낙하하는 가스가 충돌하는 고체 표면 같은 면이 생긴다. 이 때 낙하하는 기체 원자의 속도는 매초 몇 십km나 되므로 중력에너지는 급격하게 유리되고 온도가 상승하여 빛나기 시작한다. 이 단계부터의 별을 원시성이라고 부른다.

원시성을 가시광으로 관측하는 것은 불가능하다. 주변에 대량의 가스와 성간 먼지가 존재하므로 빛을 가로막고 있기 때문이다.

수소 원자가 핵융합 반응을 일으키는 데는 1000만℃의 온도가 필

140

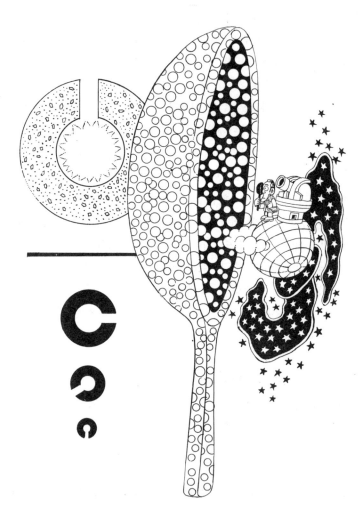

가시광으로는 보이지 않는 원시성

요하나 원시성의 중심부가 이 온도에 이르면 주계열성으로서 안정하게 빛나게 된다. 태양의 경우는 100억 년 동안이나 거의 일정한 광도로 계속 빛나고 있다.

그런데 우주에는 보통의 수소 원자의 2배의 질량을 갖는 중수소 원자가 근소하게 존재하고 있다. 이 중수소 원자는 100만°C의 낮은 온도에서 핵융합 반응을 일으킨다. 이 핵반응이 시작하면 에너지 공급량이 급속히 증대하여 그 별 주변의 가스가 날아가 버리기 시작한다. 가스가 날아가 버린 다음에 남은 성간 먼지가 가열되면 파장 10μm 정도의 적외선을 방사하게 된다. 이런 적외선은 아일러스 위성이 발견한 적외선원 속에 포함되어 있다.

1981년에 마침 필자는 애리조나 대학에 체재하고 있었다. 미국 연구자들은 거의가 자기 방의 문에 여러 가지 것을 붙이고 있다. 크리스마스 시기였으므로 크리스마스 카드를 빈틈없이 문에 붙여 놓은 사람도 있다. 라다의 방에는 한 점에서 양쪽으로 가스가 분출하는 것 같은 그림이 붙어 있었다.

1973년에 필자는 성수계측관측(星數計測觀測)에서 오리온 영역에 200광년이나 별이 거의 없는 장소를 발견하여, 거기에는 성간 먼지가 다량으로 있다는 논문을 썼다. 그 후 전파에 의한 CO분자 관측으로 거기에는 거대한 분자운이 존재한다는 사실이 제시되었다. 라다는 이러한 관측을 종합하여 앞의 그림 4-2같이 별은 거대 분자운 속에서 순서대로 만들어져 결국에는 오리온 성운의 곳까지 도달하여 그 분자운 속에서 그때부터 별의 형성이 시작된다는 설을 내놓았다. 그러나 이 설은 태양 질량의 몇 배나 되는 무거운 별에 대해서 성립되는 관계이며, 소질량의 것은 그 이전에 이미 분자 성운 속에서 형성된다는 것이 현재는 해명되어 있다.

이러한 관계가 있었으므로 애리조나에 갈 때마다 언제나 라다의 방에 가서 이야기를 하였다.

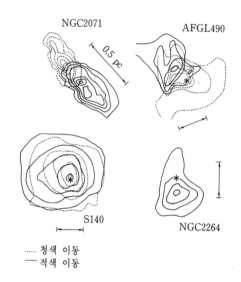

청색 이동
적색 이동

그림 4-4 CO분자의 쌍극류를 나타내는 천체. NGC 2071이 전형(典型)이다. NGC 2264는 단극(單極)이다. 청색 이동은 제트가 이쪽으로 또한 적색 이동은 제트가 저쪽으로 분출하고 있음을 나타낸다.

라다를 만나자마자 문에 붙인 그림이 무엇인가 하고 물어 보았다. 그에 의하면 CO분자의 분포를 관측하면 그림 4-4와 같이 제트상으로 분자 밀도가 높은 곳이 발견되었다고 한다. 또한 그러한 천체의 수는 4개인 것 같은데 정말 이상하게 여겨지는 현상이었다.

크리스마스 후, 라다가 키트피크의 전파 망원경으로 관측한다고 하기에 견학하러 갔다. 라다도 조수인 월프 여사도 청바지를 입고 필사적으로 관측하고 있었다. 며칠 전 초대받은 라다의 집에서의 크리스마스 파티 때의 두 사람의 모습을 그 자리에서 상상하기란 어려웠다. 그 때의 월프는 과장해 말한다면 신데렐라 아가씨 바로 그 사람 같은 느낌이었다.

독신이었던 라다는 월프와 보크와 나를 초대하였다. 보크는 별의 질량 정도인 글로불을 많이 발견한 것으로 유명한 사람인데 이 정도의 유형의 것을 '보크 글로뷸'이라고 부르고 있다. 보크는 고령이기는 하나 아직 정력적으로 연구를 계속하며 여기 저기의 국제 회의에서도 만났으나 라다의 초대로 장시간 이야기할 수 있어 고마웠다. 그러나 이 자리가 보크와 마지막 자리가 되었다. 2년 후에 세상을 떴다는 소식을 들었다.

관측에서 돌아온 라다는 한쪽의 가스는 우리들로부터 멀어지고 다른쪽은 가까워지므로, 그 가스는 중심의 천체에서 양쪽으로 제트상으로 분출하는 것은 틀림없다고 흥분하며 말하였는데 이것이 현재의 쌍극류라고 불리우는 것이다.

두 방향으로 분출하는 흐름

초창기에는 비교적 대질량의 별에서 쌍극류를 발견한 정도였으나, 현재는 태양 질량 정도의 것까지 거의 모든 원시성은 쌍극류를 갖고 있다는 사실이 알려졌다.

제1장의 6절에서 설명했듯이 노베야마 우주 전파 관측소에서 오리온 성운 방향의 적외선원 IRC 2를 향해 CS분자의 관측이 실시되어 기대했던 대로 원반상의 분포가 발견되었다. 이 원반은 매초 1km 정도로 회전하고 있으며 그 원반의 면은 그때까지 발견된 CO분자의 쌍극류와 직각 방향의 것이었다. 오리온 IRC2라는 원시성은 태양 질량의 수십 배가 되는 거대한 것이나, 태양 질량 정도의 L1551이나 IRS5 등에도 유사한 원반과 쌍극류라는 구조가 발견되어 있다. 그러면 쌍극류란 무엇을 나타내고 있는 것인가.

고밀도 중심핵은 회전하고 있으므로 그 중심에서 형성되는 별도 회전한다. 이때, 수축하는 가스가 방출하는 에너지나 중수소의 핵융합 반응 에너지에 의해 회전축에 따른 방향으로 가스가 분출된다. 덧붙여 말하자면 태양도 태양풍으로서 플라즈마를 분출하며 항성도 항성풍을 분출하고 있다. 이 때는 원시 성풍(原始星風)이라는 말이 사용된다.

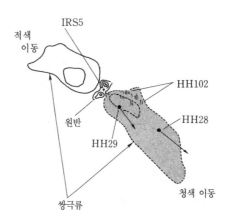

그림 4-5 태양 질량 정도의 별을 중심에 갖는 쌍극류 천체. 1pc은 3.26광년

그런데 원시 성풍이 분출하는 메커니즘이나 쌍극류가 생겨나는 메커니즘은 사실상 잘 모르고 있다. 중심별의 둘레에 가스나 성간 먼지가 축적하여 생긴 원반, 즉 강착 원반(降着円盤)이 원시 성풍의 가로 방향의 흐름을 압박하는 것도 하나의 원인일 것이다. 혹은 원반의 극방향에서는 가스의 낙하가 빨리 끝나 물질을 방출하기 쉬울 수도 있을 것이다.

어느 경우든 원시성의 주변에는 강착 원반을 갖는 것은 많다. 그 증거가 되는 관측이 원시성의 상태에서 한 단계 발달한 전주계열성, 예를 들면 황소자리의 T형 별에서 볼 수 있다.

고치에 구멍이 뚫릴 때까지

황소자리 T형 별이라 불리우는 별무리가 있다. 이 유형의 별은 매우

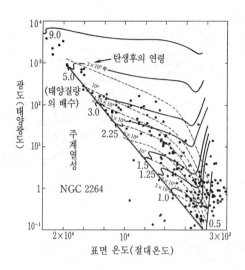

그림 4-6 NGC 2264성단의 H-R도. 고질량의 별은 주계열에 이르렀으나
질량이 작은 별은 주계열에 이르지 못하여 연령의 차이가 있다.

불규칙하게 변광하는 것으로 40년 정도 전에는 별의 전면을 성간운이
나 글로불 같은 흡수 물질이 통과하는 데 따른 변광으로 생각하고 있
었다. 그러나 조금 계산하여 보니 관측된 변광을 설명하려면 성간운이
광속의 몇 분의 1로 움직이고 있어야 하므로 그 생각은 채택될 수 없
었다.

곁들여 NGC 2264 같은 젊은 성단의 H-R도를 그리면 저온의 주
계열성은 거의 없고 고온의 주계열성과 주계열성보다 밝은 저온의 별
이 분산적으로 존재하고 있을 뿐이다. 이러한 별의 분산은 전주계열계
의 단계에서 별의 진화가 빠르기 때문에 생긴다. 즉 주계열성이면 수
명이 길기 때문에 별에 따라 탄생 시각의 차가 다소 있다고 해도 서
로 같은 장소에 배열하지만, 진화가 빠른 전주계열성에 있어서는 탄생
시각의 차가 분산적으로 분포하는 것으로 나타난다. 결국, 황소자리 T
형별을 포함한 전 주계열성은 아직 주위의 가스가 낙하중이고 불안정

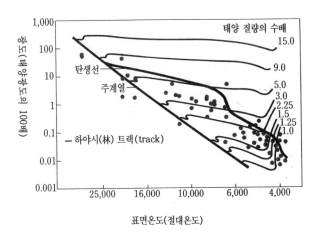

그림 4-7 황소자리 T형 별의 H-R도상의 위치(흑색 둥근표)

한 상태에 있으며 그 진화도 빠르다는 것이다.

황소자리 T형 별은 탄생하기 시작한 아직 불안정 별이다.

전주계열성에 이르기 이전의 원시성에서는 중수소의 핵융합 반응에 의한 에너지와 원자의 낙하 에너지로서 태양 광도의 100배 이상이나 되는 에너지가 방출되고 있으며 반지름도 태양의 수배나 된다. 그러나 진화가 진행하여 중력 에너지의 공급이 작아지면 반지름도 작아지고 밝기도 감소하니 어두워진다.

황소자리 T형 별만을 H-R도로 그리면 그림 4-7과 같이 된다. 앞에서 설명했듯이 거의 전부가 주계열성보다 중력 수축의 단계에 있다. 또 하나의 특징은 밝은 쪽에서도 하나의 곡선보다 위에는 황소자리 T형 별이 없는 것이다. 이 위쪽의 경계선을 탄생선(誕生線)이라 부른다.

이 탄생선의 존재를 최초로 제시한 것은 매사추세츠 공과대학의 스타라이다. 분자운이 수축하여 원시성이 생길 때, 그 중심부의 둘레를 처음에 분자운 속에 있었던 성간 먼지나 분자 가스가 마치 고치처럼

원시 성풍이 고치에 구멍을 뚫고…

둘러싸고 있다. 그러므로 방사의 총에너지가 태양의 몇 백 배까지 이르러도 아직 가시광으로는 보이지 않는다.

곧 중심부에 심(芯)이 생겨 낙하한 가스가 중력 에너지를 방출하고 별은 빛나기 시작한다. 이어서 중수소의 핵융합 반응이 시작하면 에너지의 방사량은 급속하게 커진다. 그리고 가스가 집적하여 별이 된 중심부의 표면 온도는 수천℃까지 이르러 가시광을 충분히 방사하게 된다. 그러나 아직 그와 같은 원시성 단계에서는 고치 부분에 있는 성간 먼지가 빛을 흡수하고 다시 그것을 적외선으로서 방사하고 있으므로 가시광으로는 포착할 수 없다.

원시성의 표면 가까이에 있던 성간 먼지는 곧 승화하여 없어진다. 그러나 성간 먼지라도 얼음같이 승화 온도가 낮은 것은 먼 곳까지 승화하게 되니, 모래 입자나 탄입자 같은 것은 1000℃ 정도의 온도에서도 아직 남아 있다. 태양의 몇 백 배나 밝은 원시성에서는 1천문단위의 거리 정도라도 성간 먼지는 충분히 존재할 수 있다.

앞에서도 설명한 바와 같이 원시성의 둘레에는 강착 원반이 생겨 원시 성풍인 쌍극류가 분출하고 있다. 원반부가 아닌 방향으로 분출한 원시 성풍은 주변의 분자 가스나 성간 먼지들을 날려 보낸다. 그리고 고치 부분에 구멍이 뚫려 중심의 별 그 자체가 지구에서 보이게 되었을 때, 그것이 H-R도의 탄생선상에 나타나게 된다.

하나의 탄생선이 있다는 사실은 같은 질량의 별은 반드시 같은 광도일 때 H-R도상에 모습을 나타낸다는 것이다. 즉 별이 되는 분자운 덩어리의 구조는 그 질량에 의해 거의 정해져 있으므로 고치에 구멍이 뚫릴 때까지의 원시성의 상태, 즉 주변의 분자 가스나 성간 먼지의 밀도 분포 그리고 원시 성풍으로 분출하는 가스 흐름의 양은 질량에 따라 거의 일정하다는 것을 나타내고 있다.

《고전적 황소자리 T형 별》

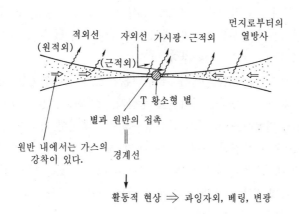

별과 원반의 접촉
∥
경계선

↓

활동적 현상 ⇒ 과잉자외, 베링, 변광

《벌거벗은 황소자리 T형 별》

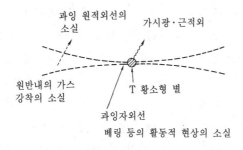

그림 4-8 고전적 황소자리 T형 별(위)과 벌거벗은 황소자리 T형 별(아래)

원시성에서 전주계열성으로

고치에 구멍이 뚫려 가시광으로 볼 수 있게 된 별이 전주계열성이다. 이 단계의 별은 매우 불안정하여 변광을 나타내는 황소자리 T형 별이 많다. 원시성은 적외선이 밖으로 방사되지 않으나 황소자리 T형 별에서는 적외선이 방사되고 있다. 황소자리 T형 별의 H-R도상의 분포도 그림 4-7에서 보는 바와 같다.

원시성 단계에서는 전(全)방사 에너지량은 많으나 대부분은 저온 물질이 방사하는 수십μm의 적외선을 강하게 방사하고 있다. 그런데 황소자리 T형 별에서는 저온 물질이 방사하는 적외선뿐 아니라 수백℃나 되는 고온의 물질이 방사하는 수μm의 적외선까지 방사한다. 근년에 이르러 좀 더 상세하게 분류되어 그림 4-8에서 보는 바와 같이 고전적 황소자리 T형 별과 저온 성분이 없는 벌거벗은 황소자리 T형 별이 있다는 것을 알게 되었다.

원시성과 황소자리 T형 별(전주계열성)에 관해 그들 주변에 있는 분자의 양과 저온 성간 먼지의 양의 비교가 일본 국립천문대의 하야시(林) 등에 의해 이루어졌다. 그 결과, 원시성 단계에서는 아직 주변에 충분한 양의 분자 가스가 남아 있으나 전주계열성에서는 감소하는 경향을 볼 수 있었다. 원시성의 둘레에서 분자 가스가 줄어 전주계열로 진화한다는 주장과 잘 일치한 결과이다. 또한 전주계열에서도 분자 가스량이 많은 별이 있으나 이러한 것은 전파 관측의 각분해능이 나쁘기 때문에 더 먼 곳에 있는 분자도 함께 관측된 결과이기 때문이다.

원시성의 주변에 원반이 형성되어 있는 사실은 성간 분자의 전파 관측으로 명백하게 되었다. 이것은 이미 설명한 바와 같다. 그렇다면 황소자리 T형 별에서는 어떨까. 황소자리 T형 별의 특징은 (1) 불규칙한 변광을 한다, (2) 적외선을 강하게 방사한다, (3) 자외선을 강하게 방사한다, (4) X선을 방사하는 것도 발견되고 있다 등이다.

황소자리 T형 별의 가시광 스펙트럼 관측을 하면 많은 휘선이 보인다. 그리고 그 형태는 수분마다 변화하고 있다. 원시 성풍이 아직 계속해서 가스를 방출하고 있으며 매초 수백km나 흩어하는 가스와 주변의 가스가 충돌하여 빛나고 있다.

황소자리 T형 별을 세분하면 오리온자리 YY형 별이 있다. 이 스펙트럼에는 별의 표면을 향해 낙하하는 가스가 보인다. 원시성 단계에서 연속적으로 낙하하는 가스가 이 단계에서는 개개의 덩어리로서 수시로 낙하하고 있다.

이러한 관측사항을 종합하면 전주계열에 도달한 별 주변이 가스나 성간 먼지의 밀도는 매우 낮다는 사실을 알 수 있다. 그런데도 적외선을 방사하는 성간 먼지를 아직 별에서 너무 멀지 않는 곳에 존재하게 하려면 전주계열성의 성간 먼지는 중심별의 영향을 크게 받지 않은 형태, 즉 원반상으로 되어 있어야만 한다.

낙하하는 성주 원반

현재 관측되고 있는 적외선의 초과(이론값을 넘는 분)는 원반 속에 있는 성간 먼지로부터 방사로 설명될 수 있을 것 같다. 그러나 성간 먼지로부터의 적외선 방사량이 중심별의 방사 에너지량보다 많은 것은 이상한 일이다. 중심별로부터의 빛은 모든 방향으로 방사되므로 원반부에 있는 성간 먼지에 도달하는 에너지는 극소한 양에 불과하다.

그러므로 다음과 같은 생각이 제안되었다.

강착 원반으로의 급격한 가스 하락이 끝나면 약간 안정된 성주 원반(星周円盤)이 형성된다. 거기에서는 가스나 성간 먼지는 중심별의 둘레를 함께 회전하고 있다. 그것은 케플러의 법칙에 따른 케플러 회전이므로 중심별에 가까울수록 빨리 회전한다. 한편, 중심별의 회전은 원시 성풍 등의 형태로 각운동량을 잃고 있으므로 회전이 약간 느리다. 현재의 태양 표면의 회전 속도는 매초 2km나 되나 케플러의 회전 속도에 대해서는 1000분의 1 정도에 불과하다. 태양도 그 형성 단계

표 7 애덤스, 슈우 등에 의한 원반 모델

이름	원반의 반지름 (천문단위)	원반의 질량 (태양질량)	중심별의 질량 (태양광도)	원반의 밝기 (태양광도)
황소자리 T형별	120	0.1	5.1	11.9
황소자리 DG별	75	0.3	0.61	5.49
황소자리 HL별	100	1.0	1.0	5.0

에서 각운동량을 잃은 것이다.

만일 성주 원반의 물질이 천천히 별을 향해 낙하하면 케플러 회전에 가까운 상태로 회전하고 있는 물질과 별의 표면 물질의 마찰로 방대한 에너지가 유리된다. 그 접점에서는 고온이 되어 자외선이 방사되고 때로는 X선까지 방사된다. 그리고 그 에너지는 원반 속으로 전해져 강한 적외선이 방사되는 것으로 생각하고 있다.

왜 성주 원반이 천천하게나마 낙하하는지는 잘 모르고 있다. 제1장의 6절에서 설명했듯이, 태양 주변에 먼지의 고리가 형성된 것같이 중심별의 빛의 방사압이 포인팅·로버트슨 효과를 초래하여 나선상으로 먼지가 낙하하는 것도 하나의 가능성으로 볼 수 있다. 가스는 먼지에 끌려 낙하하기 때문이다.

애덤스와 슈우는 관측을 능숙하게 설명하는 모델을 만들고 그 결과를 구한 것이 표 7의 값이다. 중심별은 어느 것이나 태양 질량 정도의 고전적 황소자리 T형 별이다. 성주 원반의 크기가 100천문단위 정도로 되어 있으니 이 값은 별을 형성하는 지름 0.5광년(5만 천문단위) 정도의 분자운의 덩어리가 수축하여 고밀도 중심핵이 형성될 때의 반지름에 대응하고 있다. 아일러스 위성이 발견한 베가 등 주변의 성간 먼지 원반은 더욱 바깥쪽에 있는 것으로 밀도가 낮아 행성 형성까지는 이르지 못할 것 같다.

미행성부터는 일직선

태양에 대한 여타의 태양계 천체의 전(全)질량은 1000분의 1 정도
에 불과하다. 이제까지 알려져 있는 성주 원반의 질량에 비하면 월등
하게 작다. 따라서 고전적 황소자리 T형 별의 성주 원반에 있던 물질
의 99.9% 가까이를 없애야만 한다.

고전적 황소자리 T형 별(연령 10만 년에서 100만 년)보다 벌거벗
은 황소자리 T형 별이 평균적으로 연령이 오래 되어 100만 년에서
1억 년 사이이다. 또한 방출되는 수십μm의 적외선은 약하고 자외선도
약하다. 이 사실로서 성주 원반이 흩어지거나 혹은 그것이 다른 어떤
형태로 되어 별이 보이는 것으로 생각된다.

성주 원반에는 가스와 먼지가 있으며 먼지의 질량은 전체 질량의
100분의 1 정도이다. 그 중의 휘발성 물질(물, 암모니아, 메탄 등)은
보다 밀도가 높은 안쪽에서 승화되고 비휘발성 물질(흑연, 규산염, 즉
모래 입자 같은 것, 철화합물 등)은 남는다. 그것은 태양계의 경우에
제1장 4절에서 설명한 바와 같이 소행성의 안쪽의 조건과 같다.

성주 원반은 얇게 압축되어 있으므로 먼지의 밀도도 충분하게 높아
져 있어 원반 속에서 먼지 입자가 서로 결합하면서 크게 될 수가 있
다. 그리고 먼지의 지름이 1cm 정도가 될 때는 더욱 얇은 원반이 되어
중력적으로 불안정하게 된다. 그리고 분자운이 분열하여 보다 작은 분
자운의 덩어리가 되는 것같이 결합한 먼지의 원반은 분열을 일으킨
다. 그 크기는 지름 10km 정도의 것이다. 이것을 '미행성'이라 부른다.

성간 먼지의 지름은 1μm보다 작다. 이와 같이 각 알맹이의 단면적
은 작으나 단위 질량당의 단면적은 지름이 작은 쪽이 훨씬 크다. 지름
1cm의 것과 비교하면 1만 배 이상이나 빛의 흡수 능력이 좋다. 즉 중
심별에서 도달하는 빛은 원반 속의 성간 먼지가 크면 클수록 통과하
기 쉽게 되어 바깥쪽까지 도달할 수 있다. 이 단계에 이른 것이 벌거
벗은 황소자리 T형 별이다.

154

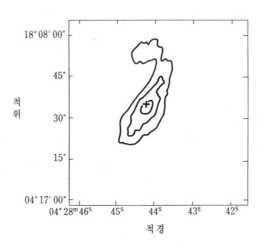

그림 4-9 황소자리 HL별 주변의 CO분자의 원반

이때 중심별은 아직 중력 수축 단계에 있으며 중력 에너지에 의해 빛나고 있으므로 불안정한 황소자리 T형 별의 변광을 나타낸다. 원반 내부에 있던 가스는 중심별부터의 빛을 막고 있던 성간 먼지가 큰 덩어리로 되었으므로, 중심별부터의 빛은 직접 받는다. 그 결과, 가스 분자는 해리되고 가스 온도는 상승하여 원반은 크게 펼쳐져 이 시대에도 아직 불고 있는 항성풍에 의해 흩어진다. 그리고 원반부에 잔류하는 물질의 질량은 중심별의 1000분의 1 정도라는 태양계의 값에 가까운 것이 된다.

이러한 줄거리라면 이제까지의 관측은 비교적 잘 설명될 수 있다. 그러나 아직 진화의 흐름이 충분히 이해되지 못한 점도 있어 다른 모델을 제안하고 있는 연구자도 있다.

최근에 이르러 황소자리 HL별이라는 것이 황소자리 T형 별 주변에서 그림 4-9같은 성주 원반으로 발견되었다. 그동안 수년 사이에 개발된 적외선 CCD수광소자(受光素子) 등에 의해 여러 개의 황소자리 T형 별 주변에 원반이 있다는 사실이 검출될 것이다.

미행성이 생겨나면 다음은 일직선으로…

156

행성의 형성을 생각해 미행성이 한 번 생겨나면 그 후의 과정은 일직선으로 진행한다. 중심별의 주변을 미행성이 돌면서 서로 충돌 흡착하며 성장한다. 소행성대보다 안쪽의 미행성에는 휘발성 물질이 거의 없는 지구형 행성이 형성되고, 목성보다 바깥쪽에는 휘발성 물질을 주로 한 목성형 행성이 형성된다.

소행성대에서는 미행성의 수가 적고 목성의 영향으로 소행성의 궤도는 긴 타원이 되어 화성, 지구, 목성 등에 점유된다. 현재에도 그러한 소행성이 지구까지 도달하여 지구상의 생명을 위협할 수도 있는 위기가 남아 있다. 6500만년 전의 공룡의 멸종은 그러한 것이 원인이었다는 설이 유력하다.

원반에서 행성의 형성으로

이 장에서는 별의 진화를 밝히면서 그 과정에서 나타나는 쌍극류나 강착 원반, 더욱 상세하게 분류된 황소자리 T형 별 등의 연구에서 상당한 비율로 별의 둘레에 성간 먼지의 원반이 형성된다는 것을 설명하였다. 그 다음은 아직 관측적으로는 직접 발견되어 있지 않으나 이론적으로 정확한 방법을 적용하면 행성의 형성으로까지 이를 수가 있다.

현재, 행성계의 형성에 관한 연구는 가장 활발하게 진행되고 있는 분야 중의 하나이다. 분자운 속에 있던 자장의 효과를 적용하면 강착 원반의 형성 방법이 달라져 여기에서 제시한 이야기만으로는 설명할 수 없는 관측 결과를 적절하게 해명할 수가 있다. 또한 다른 물리량의 영향도 상세하게 연구되어 있다.

그러나 최종적인 효과는 각 행성의 크기나 조성 등에는 영향을 미치나, 어쨌든 거의 모든 별의 주변에는 행성계가 있다는 것은 분명하다. 그리고 한 발자국 더 진보하면 제2의 지구가 존재할 가능성이 그간 10여 년의 연구에 의해 급속하게 높아졌다고 말할 수 있다.

제 5 장
제2의 지구는 있는가

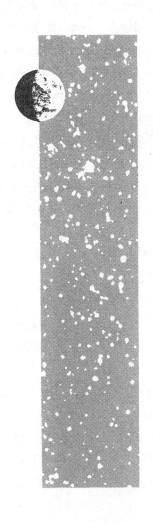

1. 은하계의 진화 속에서

매월 1개의 별이 태어난다

이야기를 우리들이 살고 있는 은하계로 옮기자.

태양은 은하계라고 불리우는 크기가 지름 10만 광년이나 되는 별의 집단 속에 있다. 은하계 속에는 2000억 개 정도의 별이 있으며 그러한 별의 대부분은 은하 원반에 집중하여 있다. 별과 별의 공간에는 성간 가스나 성간 먼지가 남아 있는데 이것을 성간 물질이라 부른다. 그 총량은 태양 질량의 수십억 배에 해당한다.

은하 원반은 회전하고 있다. 그리고 태양은 은하 중심에서 3만 광년이나 떨어진 곳에 있고 매초 250km나 되는 고속으로 돌고 있다. 이러한 것은 다른 별이나 가스도 마찬가지이다. 이 때 태양계 속의 행성같이 일정한 케플러 운동을 하고 있는 한 가스나 별이 서로 충돌하는 일은 생기지 않는다.

별은 질량이 큰 것일수록 빨리 진화한다. 수명은 1000만년 전후의 O형별이나 B형별은 모두 비교적 젊은 별이다(별의 스펙트럼형은 표면 온도에 따라 O, B, A 등으로 분류된다. O형이나 B형은 표면 온도가 높다). 그리고 이들의 별은 주변에 있는 가스를 전리하여 산광 성운으로서 빛을 내게 한다.

은하 원반 속에는 성간 먼지가 있어 스모그 상태와 같이 되어 있어 가시광을 통해 보기는 어렵다. 그러나 산광 성운의 전리 가스에서 방사되는 전파는 성간 먼지에 의한 영향을 받지 않으므로 은하계 전체에 걸친 산광 성운의 분포는 볼 수가 있다. 이러한 천체의 분포도가 그림 5-3이다. 산광 성운과 같이 젊은 천체는 모두 은하의 소용돌이 모양의 부분(팔)에 존재한다는 것을 알 수 있다.

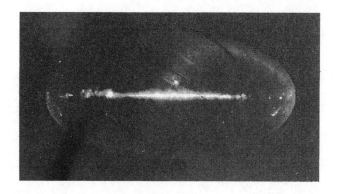

그림 5-1 아일러스 위성으로 본 은하계.
성간 가스, 성간 먼지의 구름이 희게 보인다.

그림 5-2 산광 성운, M_{17} (오메가 성운)

160

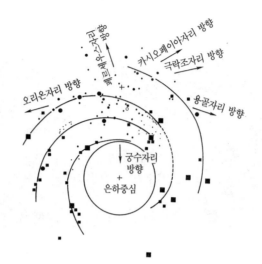

그림 5-3 은하계에 펼쳐진 산광 성운의 분포(공이나 사각점) 은하계의 팔부분에 존재하고 있다.

또한 은하계 속의 중성 수소 원자에서 내는 전파가 관측되고 있으나, 그 결과도 소용돌이 모양의 부분이 중성 수소의 밀도가 높다는 사실을 가리키고 있다. 이런 소용돌이 모양은 다른 은하에서도 볼 수 있으며 안드로메다 은하는 그 전형적인 예이다.

은하의 소용돌이 모양은 왜 생기는가 하는 것은 흥미로운 문제이다. 결국은 은하계 속에 밀도가 높은 부분과 낮은 부분이 있는데, 밀도가 높은 부분이 파도처럼 전파하여 그림에서 보는 것 같은 소용돌이 구조가 생기는 것으로 생각되고 있다. 따라서 지금 성간 물질의 밀도가 높은 데는 5000만 년이나 지나면 밀도가 낮아지고 다시 5000만 년이나 되면 다시 밀도가 높아지는 것을 되풀이한다. 즉 밀도가 높은 파도가 은하계 속을 전파하는 것으로 이 파도를 '밀도파'라고 한다.

은하계 속의 성간 물질은 매초 250km의 속도로 은하 중심의 둘레를 회전하고 있으나 거기에 더하여 밀도파가 통과할 때는 강하게 앞뒤로 흔들린다. 그리고 밀도파의 파도머리에 당도하여 성간 분자의 밀

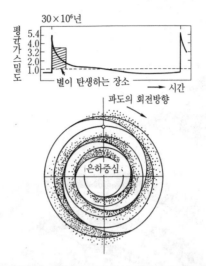

그림 5-4 밀도파의 전파. 은하계의 회전에 따라 밀도파도 진행한다(아래)
또한 한 점을 기준으로 하여 볼 때 가스 밀도는 주기적으로 오르내려,
수천만 년 동안에 별의 생성이 진행된다(위)

도가 높아지면 거기에는 거대 분자운이 형성된다. 그리고 그 부분을
약 1억 년 정도 걸려서 밀도파의 봉우리 부분이 통과한다. 거대 분자
운 속에서의 별의 생성은 수천만 년으로 끝나므로 대부분의 분자운은
밀도파의 앞쪽에 배열하고 있다는 뜻이 된다.

원반상의 구조를 갖는 은하에는 반드시 소용돌이 모양이 있는데 이
것은 밀도파의 존재를 나타내는 것이다. 그리고 성간 물질의 양이 충
분한 이상 계속적으로 분자운은 형성된다.

이렇게 하여 거대 분자운 속에서 연속적으로 별이 형성되고 있으며
현재에도 새로운 별의 형성이 은하계 속에서 진행되고 있다. 그 수는
평균하여 매월 1개라고 할 수 있다.

태양이라는 흔한 별

태양은 현재 소용돌이의 밀도가 높은 부분(팔)에 있으나 이것은 전

은하계를 타는 파도

적으로 우연한 것이다. 태양의 탄생은 46억년 전의 옛날 일이며 그 후 태양은 20회 정도나 소용돌이의 팔 속을 통과하였다(소용돌이가 태양을 통과하였다고 하는 것이 옳을지도 모르겠다).

태양을 형성하였던 거대 분자운은 예전에 없어졌다. 그리고 태양을 형성하였던 분자운은 통과하는 파도머리에 의해 흔들려서 태양은 은 하중심 주변의 회전 운동에서 벗어나게 되었다. 또한 그 후에도 주위 물질의 작용을 받았기 때문에 현재에도 매초 20km에 가까운 불규칙한 운동을 계속하고 있다.

태양이 소용돌이의 팔을 20회나 통과하였다는 뜻은 마침 별이 형성 되는 과정의 분자운을 팔이 통과한다는 가능성이 높다. 그러한 경우에 는 여러 가지 일이 생길 가능성이 있다. 질량이 큰 별의 최종 단계인 초신성 폭발이 생겨 만월(滿月) 정도로 밝은 초신성을 보았을지도 모 른다. 또는 많은 고속 입자가 날아와 소행성이나 행성 표면에 충돌하 였을지도 모른다. 그러한 우주선은 지상으로까지 도달하여 생명의 진 화에 영향을 미칠 가능성도 있다.

거대 분자운의 중력 작용으로 오르트의 구름이라는 1만 천문단위의 곳에 있는 혜성의 둥지가 흔들려 혜성을 지구 근방(1천문단위)까지 낙하시키는 궤도가 생겼을지도 모른다.

현재 수많은 혜성을 볼 수 있는 것은 최근 태양계가 소용돌이의 팔 에 재돌입한 결과라고 주장하는 사람도 있다. 더욱이 앞에서 말한 오 리온 성운 속의 글로뷸 같은 것이 태양계에 포착되어 낙하하는 경우 도 고려할 수 있다.

태양은 극히 흔한 전형적인 별이지만 우리들의 은하계는 그 원반 속에 100억 년에 걸쳐 별을 형성하면서 계속해 왔다. 앞에서 설명했 듯이, 그러한 별들의 주변에는 행성계를 갖는 것이 많다. 즉 은하계에 는 다양한 연령층의 행성계가 있게 마련이다. 실제로는 그 중의 일부 만을 관측할 수밖에 없어도, 다른 행성계에 지구와 같은 행성이 있다

면 여러 가지의 진화 단계에 있는 생명을 볼 수도 있지 않겠는가 하
는 꿈 같은 이야기가 펼쳐지고 있다.

2. 금속량이 문제

젊은 성단은 금속량이 많다

우리들 주변의 물질은 거의가 산소 원자, 탄소 원자, 규소 원자 등이
며 수소 원자나 헬륨 원자는 근소하다. 수소와 헬륨 이외의 것을, 특히
천문학에서는 금속 원소라고 부른다.

그런데 태양에서의 각 원소의 존재량을 보면 지구상과는 달리 수소
가 매우 다량으로 있으며 금속 원소량의 비율은 대단히 적다. 이것은
별의 알, 즉 원시성의 주변에 생긴 성주 원반 속에서 휘발성 물질이
승화하여 주위의 가스와 함께 유출하였다는 것과 관계가 있다. 어쨌든
금속 원소의 비율이 많지 않으면 지구와 같이 표면이 고체인 행성은
형성될 수 없다.

은하계의 별들을 보면 은하 원반부에 있는 별의 대부분에는 태양과
같은 비율로 각 원소가 포함되어 있다. 이러한 별은 대략 은하계의 회
전 운동에 따라 움직이고 있다. 그러나 극히 일부이기는 하나 은하계
의 회전과는 전혀 다른 운동을 하는 별이 있다. 보기에는 고속으로 움
직이는 것같이 보이므로 고속도성이라고 불리우고 있다. 예를 들면 바
너드별은 매초 100km로 움직이며, 카프타인별의 속도는 매초 300km
이다.

이들 별은 고속도성이라는 이름에도 불구하고 은하 중심에 대해서
회전하고 있지 않고, 매우 가늘고 긴 타원 궤도를 그리고 있다. 또 은
하 원반에서 이탈한 것도 많다.

고속도성의 스펙트럼을 관측하여 이들 별에도 금속 원소의 양이 적

다는 것을 알게 되었다.

구상 성단은 은하계 전체를 둘러싸는 것같이 존재하고 있다. 그들 성단의 연령을 H-R도로서 구한 결과 100억 년에서 150억 년 정도라는 것을 알게 되었다. 그리고 새로운 구상 성단부터 오래될수록 금속량이 감소하고 있다.

우리들은 별에서 태어났다

은하계와 같은 은하가 어떻게 탄생하였는가 하는 문제는 지금도 연구가 진행되고 있으며 여러 가지 설이 나오고 있다.

은하도 거대한 가스운에서 생겼다. 가스운이 수축하는 과정에서 많은 가스 덩어리가 생기고 그것이 구상 성단을 형성하였다. 그러므로 구상 성단은 은하계 전체에 분포하며 그 궤도도 은하 중심 가까이를 통과하는 긴 타원으로 되어 있다. 전방의 고속도성은 오랜 세월 동안에 구상 성단에서 이탈하여 현재는 개별적으로 운동하고 있는 것이다.

은하계 형성의 초기에 태어난 구상 성단에도 질량이 큰 별이 있으며 그러한 별의 내부에서는 원자핵융합 반응이 계속 진행되어 중심에 철이 형성되게 되었다. 중심부에 철이 형성되면 별은 초신성 폭발을 일으켜 금속 원소를 성간 공간으로 날려 보낸다. 이렇게 계속 발생하는 초신성 폭발로 금속량이 증대한 상태를 그림 5-5에서 볼 수 있다.

지금부터 대략 100억년 전에 은하 가스가 회전하기 위해서 은하 원반부에 집중하여 거기에서 다음 세대의 별의 탄생이 시작하였다. 원반부의 분자운 속에서 별이 형성되고 그 중에서 질량이 큰 것은 초신성 폭발을 일으켜 성간 공간의 금속 원소량을 증가시켰다. 그러나 그 증가율은 먼저 세대의 증가 정도는 아니었다.

우주는 빅 뱅(Big Bang)으로 시작되었다고 한다. 그것이 몇 년 전인가 하는 문제에 대해서는 여러 가지 설이 있으나 여기에서는 중간적인 값에 따라 180억년 전이라고 하자.

166

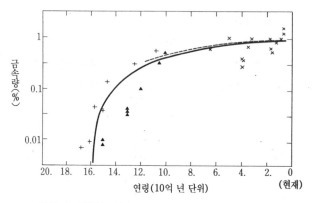

그림 5-5　성단의 금속량. 새로운 성단일수록 증가하고 있다.

　그 직후에 우선 수소 원자의 원자핵인 양자가 형성되었다. 이어서 우주의 팽창에 따라 우주 온도가 떨어져, 원자핵융합 반응이 시작되었다. 그리고 양자의 10% 정도가 헬륨 원자핵으로 변환되었다. 이 단계까지 이르자 우주 온도는 지나치게 낮아져 그 이상의 **핵융합** 반응은 진행하지 않게 되었다. 즉 우주 초기에는 금속 원소가 없었던 것이다.

　그러나 가장 오래된 구상 성단 속에서도 극히 미량이나마 금속 원소가 포함되어 있었다. 아마 현재 볼 수 있는 은하의 탄생 이전에 무언가 금속 원소를 만들 만한 현상이 있었을 것이다. 예를 들면 거대 질량의 별이 태어나고 그 폭발에 의해 금속 원소가 공급되었다고 하는 설이 있다.

　어쨌든 우리의 신체만이 아니라 지구를 구성하고 있는 원소는 우주의 처음에는 없었고, 질량이 큰 별 속에서 요리된 것이 성간 공간에 방출되어 그것을 함유한 가스가 집결하여 태양이나 태양계를 이룩한 것이다. '우리들은 별 속에서 왔다'라고 말한다면 약간 귀에 거슬리는 말이 될른지 모른다.

　행성계 형성의 경우도 금속 원소를 중심으로 한 성간 먼지의 존재는 불가결하다. 그러한 재료 물질은 마찬가지로 별 속에서 생겨나고, 별의 주변이 급격하게 냉각될 때에 만들어졌다. 앞에서 설명하였지만 이 정도의 재료가 갖추어지면 행성계의 탄생은 확실한 것이라고 말할 수 있다.

3. 오즈마 계획과 SETI

연구의 어려움

이 책의 제목은 『제2의 지구는 있는가』이다. 그리고 설명한 내용은 제2의 지구, 즉 다른 별에 행성이 있다는 것을 증명하기 위한 연구 성과였다.

그러나 서두에서 말한 펄서의 발견같이 제2의 지구의 탐색은 지구와 같이 생명을 품고 있는 천체에 대한 관심으로부터 출발하고 있다. 유감스럽게도 학문 자체는 그것에 대해 확실한 해답을 내놓을 단계에 이르지 못하고 있다. 생명의 존재에 관한 드레이크의 식(20쪽) 속에서 지구와 같은 고체 표면을 갖는 행성의 존재를 겨우 제시할 수 있을 정도이다.

제2의 지구의 존재를 제시할 가장 확실하고 간단한 방법은 그 표면에 있는 생명체, 즉 진화가 빨라서 인간의 지능이나 기술을 능가할 만한 생명체와 교신하는 일이다. 그것을 최초로 시도한 것이 미국의 드레이크였다.

당시 드레이크는 아직은 35세의 젊은 연구자였으나 전파 천문학에 있어서는 이미 확고한 위치를 굳히고 있었다. 그리고 같은 코넬 대학의 코마니와 모리슨의 설, 즉 지구외에 살고 있는 생명과의 교신에는 전파를 사용하는 것이 유효하다는 이야기를 듣고 그것을 시도한 것이다. 실적이 있는 천문학자이고 또한 우수한 두뇌와 결단력이 있는 젊

168

은 연구자였기에 당시로서는 무모하다고도 할 수 있는 시도를 시행할 수 있었다.

그러나 그것은 간단한 방법이기는 하나 가장 어려운 방법이기도 하였다. 서로가 약속도 없이 통신하는 어려움은 예측할 수 없는 것이다. 표 8은 히라바야시(平林)와 미야우치(宮內)의 대담 『ET로부터의 메시지』란 책에 게재된 지구외의 문명과의 통신을 시도한 일람표이다. 이 관측 시간을 총합하면 연 5000시간이나 대형 전파 망원경을 사용한 결과가 된다.

다른 행성계에 번성하는 생명체와 멋지게 통신에 성공하였을 때의 연구자의 흥분이란 더할 나위 없을 것이다. 그것은 몇 번이나 실패하여도 계속할 만한 가치가 있다고 믿는 천문학자는 적지 않다. 그러나 이러한 실험을 가능하게 하는 대형 전파 망원경의 수는 적고, 그 모든 것이 이 책에서 설명된 별의 탄생 방법이나 은하의 생성, 블랙 홀, 빅뱅에 따른 여타의 전파 등에 관한 관측에 바쁘다.

그러한 망원경의 관측 시간에 끼여들자면 충분한 실적이 필요하다. 언제 성공할지 모를 관측만 하고, 연구 성과를 논문으로 발표할 수 없다면 앞으로의 관측은 할 수 없게 된다. 따라서 이러한 연구를 시도하는 연구자는 이른바 부업적으로 할 수밖에 없다.

화성인이 있다고 주장한 로웰은 젊었을 때 저축한 돈을 들여서 자기 목적만을 위한 천문대를 만들었다. 로웰은 결과를 서둘렀기에 불행한 결과로 끝났으나 지구외 문명의 탐사에는 이 정도의 전용 망원경이 필요하다.

타오르는 관심

드레이크 때는 약간 돈키호테와 같은 시도였으나 이 책에서 설명한 대로 드레이크의 식에 따른 지구외 문명의 존재 가능성은 높아졌다. 그리고 당시보다는 훨씬 많은 천문학자, 아니 그외에도 언어학자나 생

표 8 전파에 의한 지구외 문명 탐사의 예

기간(년)	관측자, 장소, 기관	안테나지름(m)	대상
1960	드레이크. 미. NRAO (오즈마 계획)	26	2별
1968~69	드로이즈기 등. 소. 트멘스키	15	12별
1970부터	드로이즈기 등. 소.	다이폴	퍼슬 전천(全天)
1972	벨 슈울. 미. NRAO	91 43	3별 10별
1972~76	펄머 등. 미. NRAO	91	602별
1972부터	가르다쉐프. 소. 유라시아 망(網)	다이폴	퍼슬 전천(全天)
1972부터	보이어 등	26	
1973부터	딕슨, 콜 미. 오하이오 주립대	다이폴 60	전천
1974부터	브라이돌, 휄드만 캐나다. 알곤긴 천문대	46	500별
1975	드레이크, 세간. 미. 아레시보	305	4은하
1976	클라크 등. 미. NRAO	43	4별
1976부터	세렌티브. 미. 버클레이	26	전천
1977	블래크 등. 미. NRAO	91	200별
1977	드레이브, 스탈. 미. 아레시보	305	6별
1978	홀로비츠. 미. 아레시보	305	200별
1980년대	로드, 오디어. 미. MIT	7	은하면
	이스라엘, 타이타. 네덜란드. 웨스터 보크	간섭계	85성야
	쇼스다그, 타이타. 네덜란드. 웨스터 보크	간섭계	은하중심
	타아타 등. 미. 아레시보	305	태양형 210별
	비라우드, 타아타. 프랑스 난세이	300×35	102별
	홀로비츠. 미. 아레시보	305	태양형 250별
1983부터	홀로비츠. 미. 오크릿지	26	전천(全天)

그림 5-6 제3회 지구외 문명 탐사 위원회 국제 회의에서

물학자 등도 이 문제에 관심을 나타내기 시작하였다.

현재 세계적인 천문학자의 조직으로는 국제 천문학자 연합이 있다. 거기에는 시각 결정 위원회나 별의 분광 위원회와 같은 위원회가 있어 각각의 분야의 천문학자가 참가하여 협력하고 있다. 그 국제 천문학 연합에는 제51위원회라는 가장 새로운 위원회가 1982년에 설립되었다. 그것이 지구외 문명 탐사 SETI(Search for Extra-Terrestrial Intelligence) 위원회이다.

1984년에 제1회 국제 회의를 개최하고 1990년에 제3회 국제 회의가 프랑스 알프스 산중의 바르체니스에서 열렸다. 필자도 이 때 처음으로 출석하는 기회를 가졌는데, 산에 조금 오르니 여름인데도 만년설이 남아 있어 생명의 발생에 관해 논의하기에는 최적의 장소라고 느껴졌다.

출석자는 150명이 넘어 성대하였다. 100편 정도의 논문이 보고되었다. 이 책에서 다룬 천문학적 내용 중에서는, 만일 지구외 문명으로

부터 신호가 정말 수신되었다면 사회에 어떠한 절차에 따라 알릴 것
인가, 나아가서 그 정보를 알림으로써 일반 사회에서는 어떠한 반응이
있을 것인가 하는 문제도 보고되었다.

앞에서도 언급했듯이 지구외 문명을 탐사하는 연구는 모두 자기의
원래(?) 연구의 부업으로 하고 있다. 그러므로 많은 회원이 다른 일과
겹쳤기 때문에 출석하지 못한 것 같다. 그들까지도 포함한다면 1000
명 이상의 연구자가 어떠한 형태로든 결과가 나올지 어떨지도 모르는
연구를 실제로 하기 시작하였다는 것이 된다. 자신이 직접 하고 있지
는 않으나 관심을 갖고 있다는 연구자의 수는 훨씬 많다. 드레이크가
시작한 시대와 비교하면 연구의 진행 방법론만 아니라 연구를 지지하
는 사람의 수도 압도적으로 늘어났다.

이 회의에서 오즈마 계획을 시작한 드레이크를 처음으로 만났다. 백
발의 대원로다운 풍모였다. 그리고 "강연 중에 많은 사람이 지구외 탐
사 계획에 관심을 가져주어 기쁘나, 드레이크의 식에서도 볼 수 있는
것과 같이 어느 정도 오랫동안 우리 인류가 이 계획에 계속적인 관심
을 기울이는가가 관건이므로, 젊은 연구자가 계속 배출된 것을 기대한
다"고 말하였다. 지구외 문명 탐사 목표의 하나는 지구상의 인류가 전
쟁이나 공해로 파멸하지 않는 것이기도 하다.

4. 제2의 지구는 있는가

1991년, 새로운 희망이

이 책에서는 지구와 같은 고체의 행성이 존재하는 방법을 설명하였
다. 그리고 목성 정도의 질량을 갖는 행성은 실제로 관측에 의해 포착
되어 앞으로의 기술 혁신에 의해 목성 정도의 행성은 수많은 별들의
주변에서 검출될 것이라는 것을 알게 되었다.

그러나 지구 정도로 질량이 작아지면 문제는 극단적으로 어렵게 된다. 이미 설명한 것같이 별의 고유 운동의 방황도, 시선 속도의 변화도, 적외선의 방사도, 현재의 기술 연장으로는 관측 불가능이라고 할 수 있는 수준이다. 그렇다면 제2의 지구는 검출할 수 없다고 해야 하지 않겠는가.

별의 생성(生成)을 말할 때 설명하였지만 거의 모든 별의 주변에는 성주 원반이 형성되어 그 원반 속에서 물질이 모여 미행성이 형성되고 있다. 그리고 그러한 행성이 성장하는 과정에 관해서 이론적으로도 관측적으로도 꽤 정확한 증거가 제시되고 있다. 그러나 직접 제2의 지구는 검출하지 못하고 있다.

그런데 1991년에 이르러 서두에서 말한 펄서가 다시 우리에게 희망을 안겨주는 역할을 하게 되었다. 펄서를 처음으로 발견한 케임브리지 대학과 경쟁하는 또 하나의 영국의 전파 천문학 그룹, 즉 맨체스터 대학 조드럴뱅크 전파 천문대의 베일러스, 라이네, 쉐멀의 세 사람이 새로운 발견을 하였다.

이 발견도 펄서의 발견과 같이 우주 전파의 새로운 파장대(波長帶)로 시험 관측 중에 발견되었다.

펄서는 보통 파장이 긴 전파를 강하게 방사하므로 지금까지 펄서 검출은 장파장의 전파 영역에서 실시되었다. 그러나 파장이 긴 전파 망원경의 각분해능은 좋지 않아, 몇 십분각이나 넓은 범위에서 오는 전파는 일괄적으로 관측하고 만다.

각분해능이 나쁘다는 것은 온 하늘에서 전파 강도가 강한 펄서를 검출하기에는 적합하나, 강도가 약한 펄서는 주위의 성간 공간으로부터의 전파와 혼합되므로 검출이 어렵게 된다. 한낮에 볕이 쪼이는 벽에 붙어 있는 반딧불을 찾는 것과 같은 경우다.

처음에는 반딧불은 작으므로 점과 같이 보이나 망원경의 각분해능을 높이면 배경인 벽의 소부분(小部分)에서 반사되는 빛은 점점 약해

지므로 반딧불은 상대적으로 밝게 보인다. 전파에서도 마찬가지이다. 같은 구경의 망원경이면 파장에 반비례하여 각분해능은 좋아진다. 각 분해능이 10배 좋아지면 배경잡음은 100분의 1로 된다. 그렇지만 곤란한 일은 가령 각분해능이 10배 좋아지면 전파 강도가 같아도 같은 하늘의 영역을 관측하는데 100배의 시간이 걸린다는 것이다.

행성을 동반한 펄서

베이루스 등은 초신성 폭발의 결과로 펄서가 많이 존재하는 은하면의 방향을 상세하게 관측하여 제1장의 그림 1-4(16쪽)에 한꺼번에 40개의 펄서를 추가하였다. 펄서는 초신성의 폭발 직후에 가장 빨리 회전하며 그 후 서서히 회전에 브레이크가 걸린다. 이 회전을 조사하면 펄서의 연령을 알 수 있으므로 새로운 40개의 펄서에 대해서도 회전 변화를 조사하는 관측이 실시되었다.

예를 들어 펄서-PSR1829-10은 주기 0.330초로 회전하고 있다. 또한 그 주기는 100조분의 1씩 변화하고 있다. 이 2개의 값으로 계산하면 약 120만 년이란 연령을 구할 수 있다. 궁수자리에 있는 이 펄서는 120만년 전에 초신성 폭발로 생겨난 것이다. 다른 방법으로 구한 거리 3만 광년을 생각하면 폭발시에도 겨우 1등성 정도의 광도였을 것이라는 계산이 나온다.

그런데 이 펄서 주기의 변화를 조사하면 주기가 서서히 길어지는 것에 더하여 182일의 주기로 0.015초(15밀리 초)의 편차가 있다는 것을 알게 되었다. 이 검출은 정말 뜻밖이었다. 그러므로 관측자들은 원래의 목적하고는 다른 정보도 식별하는 안목이 있는 것이다.

이 변동은 펄서의 주변을 원궤도로 돌고 있는 천체가 있으면 설명된다. 그 천체의 궤도는 펄서의 질량이 태양 정도라면 0.71천문단위이며 질량은 궤도면의 경사를 모르니 불확실하기는 하지만 최소로 보아도 태양의 3만분의 1이 된다. 지구 질량의 10배 정도이지만 목성보다

수행자가 따르는 펄서

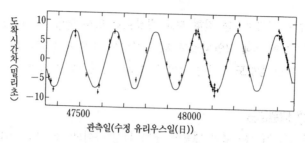

그림 5-7 펄서 PSR1829-10에서 오는 펄스의 편차
182일마다 펄스가 빨리 오거나 늦게 오는 주기적인 편차를 나타낸다.
(편차의 폭은 15밀리초)

는 월등하게 작은 행성이 돌고 있다는 셈이 된다.

그림 5-7을 보면 알 수 있듯이 에러 바(error bar : 오차 폭)는 진폭의 10분의 1보다 작다. 즉 관측 정밀도는 현재의 관측치의 10배 이상이나 우수하므로, 이 방법에 의해 지구 정도 질량의 행성이라도 검출은 가능하다. 드디어 제2의 지구의 검출 가능성이 보이기 시작한 것이다. 오직 한가지 유감스러운 것은 행성계는 아직 형성 과정에 있다는 것이다.

생명을 실은 행성을 찾아서

최초에 주성(主星)의 주변을 행성이 돌고 있었다면 초신성 폭발시의 주성의 질량은 급격하게 작아지므로 행성은 그대로 우주 공간으로 흩어져 날아간다. 교토 대학의 나카무라(中村)는 여러 가지 가능성을 검토하여 폭발 전에 쌍성이었던 별이 파괴되면 그 가스 속에서 행성이 탄생한다는 설이 가장 유력하다고 주장한다.

그렇지만 이러한 행성 표면은 펄서의 중성자별에서 방사되는 강력한 X선이나 감마선에 의해 비정상적인 극한 환경이 되므로 생명의 흔적도 볼 수 없는 것이 아쉬울 뿐이다.

최근에 태양 정도의 질량인 별의 주위를 도는 제2의 지구를 검출하는 방법이 그것하고는 전혀 다른 발상으로 일본 국립 천문대의 가와 구치(川口)에 의해 고안되었다. 다른 방법이 아직 제안되어 있지 않는 현재에 이런 방법도 있다는 뜻에서 그것을 소개하기로 하자.

더 큰 망원경을

별까지의 거리는 멀기 때문에 별과 행성 사이의 각거리는 작다. 겨우 0.01초각 이하이고 대부분의 경우는 더욱 작다. 이러한 각분해능을 얻으려면 가시광으로도 구경 100m, 전파로는 구경 40km나 되는 망원경이 필요하게 된다. 이런 거대한 망원경을 단일체로 제작한다는 것은 거의 불가능하다.

각분해능만을 높이려면 간섭계를 사용하는 방법이 있다. 이것에 대해서는 이제까지 설명하였다. 그 최대 규모의 것은 일본 우주 과학 연구소의 히라바야시(平林)가 중심이 되어 인공 위성에 실은 전파 망원경과 지상 망원경을 연결한 3만km나 되는 긴 기선(基線)의 프로젝트를 진행하여 0.0001초각까지를 분해하려 하고 있다. 이 방법이라면 간단히 제2의 지구를 검출할 수 있을 것 같으나 어려운 문제가 하나 있다. 그것은 2개의 방사 강도의 차가 너무 크면 전파 간섭을 포착하는 단계가 되지 못한다.

그러므로 단일의 주경(主鏡)을 갖는 초대(超大) 구경 망원경을 건설하면 해결되나 이 방법은 비용이 많이 들뿐 아니라 지상에서의 실현은 거의 불가능하다. 달과 같이 중력이 작고 기체가 없는 곳이라면 유효한 망원경을 건설할 가능성은 있다. 그러나 그것은 몇 년 후의 일인지, 2050년 아니, 더 훗날의 일인지 모른다.

가와구치의 제안은 지구 대기를 사용한 대(大)망원경이다. 지구 표면의 공기는 상공으로 갈수록 밀도가 작아진다. 빛이나 전파와 같은 전자파는 밀도가 다른 물질 속을 통과하면 굴절한다. 그러므로 그림 5 -8과 같이 지구 대기는 렌즈의 역할을 하는 것이다.

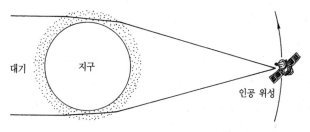

그림 5-8 지구 대기를 사용한 대(大)망원경

지구 대기를 렌즈로

지구 대기의 밀도 분포로 망원경의 초점을 구하면 지구와 달 사이의 3분의 1의 지점인 약 20만km 부근이 된다. 이 부근에서 전파를 모으는 장치를 실은 인공 위성을 회전시키면 인공 위성에서 보아 지구 저쪽에 있는 천체에서 오는 전파를 포착할 수 있다.

이때의 각분해능은 0.000003초각이다. 그리고 모아진 전파의 강도는 지름 약 1000km의 전파 망원경에 해당하는 것이 된다. 이제까지의 전파 망원경에 비해 1억 배나 약한 방사 천체를 볼 수 있으며 별 주변의 제2의 지구를 검출하는 일도 가능한 수준이다.

이 계획에서 생각될 수 있는 유일한 난점은 하나의 천체를 오랫동안 보기 위해서는 천체→지구→인공 위성이 배열하는 시간을 길게 하여야 하는 것이다. 이것은 인공 위성의 궤도 제어라는 측면에서 약간 어려울 수 있을 것이다.

이러한 장대한 관측 계획이 실현될지 어떨지는 지금으로서는 알 수 없다. 그러나 이러한 종류의 제2의 지구를 검출하는 새로운 발상의 관측이 여러 개나 제출되면 그 중에서 실제로 검출에 성공하는 것이 나올지도 모른다.

우리들은 모두 지구외 문명의 존재에 큰 관심을 갖고 있다. 그리고 이 책에서는 드레이크의 식 속에서의 생명의 발생·진화에 관한 문제

는 별개로 하고 별의 주변에 지구 정도의 질량의 별의 존재 여부에
대해 설명하였다.

전체적으로는 그러한 별이 얼마든지 있을 가능성이 강하다는 것을
설명하였으나 관측으로 분명하게 입증하는 것은 앞으로의 일이 될 것
이다. 혹은 어느 날 갑자기 새로운 발견이 세계를 진동시키는 일이 벌
어질 수도 있을지 모르지만….

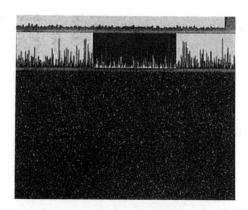

그림 1 NASA에서 수신한 시그널

후기에 가름하여

본문에서 설명한 것같이 제2의 지구의 존재는 확실하다는 것을 알게 되었다. 그러나 그 존재를 관측적으로 확인하기에는 아직 어려운 문제가 남아 있다.

그림 1과 그림 2를 보자. 화면 속에 신호가 불규칙하게 배열하여 있다. 그러나 그림 1을 좀 더 상세히 보면 왼쪽 위에서 오른쪽 아래를 향해 점이 배열하고 있는 것을 알게 된다. 이것은 명왕성보다 아득히 먼 곳, 파이어니어 10호에서의 신호이다. 이러한 신호로 그 전파를 방사하고 있는 물체의 형태를 재현할 수 있다.

파이어니어 10호로는 신호 수준이 낮으므로 화상을 그리기 어렵지만 신호 수준이 높은 보에저 2호에서는 그림 3과 같은 화상을 뚜렷하게 그릴 수 있게 되었다.

보에저 2호는 정해진 파장의 전파를 방사하고 있다. 그러므로 보통 때는 수신할 수 없을 정도로 먼 곳에 있는 보에저 2호로부터의 신호를 잡을 수가 있다.

그림 2 NASA에서 수신한 퍼루스 시그널

별의 주변을 돌고 있는 제2의 지구는 보에저 2호보다 월등하게 크다. 그러나 그 행성이 침묵한 상태에서는 이 책에서 보아온 것같이 그 존재를 확인하는 것은 거의 불가능하다. 보에저 2호의 경우와 같이 약속된 파장으로 전파를 방사하여 줄 필요가 있다. 이러한 일은 보통의 천체에서는 생길 리가 없다. 특정 파장의 전파를 방사하는 것, 즉 지적 생명체가 필요하다. 지적 생명의 탐색은 이미 드레이크 등이 시도한 방법이다. 제2의 지구의 발견은 이 책에서 설명한 것 같은 방법으로는 어렵고, 직관적으로 지적 생명체로부터의 전파를 수신하는 일을 생각하는 편이 좋을지도 모른다.

그림 2에는 아무런 신호도 없는 것같이 보인다. 그러나 그림 4를 보자. 그림 2와 똑같은 것인데 특정한 신호가 있는 것에 동그라미가 그려져 있다. 이렇게 보면 그림 2에도 주기적인 신호가 포함되어 있다는 것을 알 수 있다.

이러한 그림은 미국 항공 우주국(NASA)에서 SETI를 위해 실시한 실험에서 얻은 것이다. 실물을 발견할 경우에 더욱 잡음이 높은 수준에서 실물과의 신호를 찾아내어야 한다. 그것이 얼마나 어려운 일인

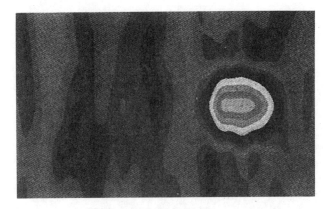

그림 3 보에저 2호로부터의 신호를 지상에서 관측한 전파 화상

그림 4 규칙적인 시그널의 발견

가는 여기에서 제시한 그림으로서 알 수 있으리라고 본다.

제2의 지구, 그리고 SETI의 발견은 과학자에게는 약간의 허무감도 따르지만 지구상의 인류로서는 최대의 꿈이다. 그 꿈을 위한 과학자들의 노력은 앞으로도 꾸준히 계속될 것이다.

찾아보기

제2의 지구는 있는가
생명이 함께 있는 행성을 찾아서   B152

1994년   5월   20일   인쇄
1994년   5월   30일   발행

옮긴이   편집부
펴낸이   손영일
펴낸곳   전파과학사
서울시 서대문구 연희2동 92-18
TEL. 333-8877·8855
FAX. 334-8092   1956. 7. 23. 등록 제10-89호

공급처 : 한국출판 협동조합
서울시 마포구 신수동 448-6
TEL. 716-5616~9
FAX. 716-2995

ISBN   89-7704-152-2   03440

BLUE BACKS 한국어판 발간사

블루백스는 창립 70주년의 오랜 전통 아래 양서발간으로 일관하여 세계유수의 대출판사로 자리를 굳힌 일본국·고단샤(講談社)의 과학계몽 시리즈다.

이 시리즈는 읽는이에게 과학적으로 사물을 생각하는 습관과 과학적으로 사물을 관찰하는 안목을 길러 일진월보하는 과학에 대한 더 높은 지식과 더 깊은 이해를 더 하려는 데 목표를 두고 있다. 그러기 위해 과학이란 어렵다는 선입감을 깨뜨릴 수 있게 참신한 구성, 알기 쉬운 표현, 최신의 자료로 저명한 권위학자, 전문가들이 대거 참여하고 있다. 이것이 이 시리즈의 특색이다.

오늘날 우리나라는 일반대중이 과학과 친숙할 수 있는 가장 첩경인 과학도서에 있어서 심한 불모현상을 빚고 있다는 냉엄한 사실을 부정 할 수 없다. 과학이 인류공동의 보다 알찬 생존을 위한 공동추구체라는 것을 부정할 수 없다면, 우리의 생존과 번영을 위해서도 이것을 등한히 할 수 없다. 그러기 위해서는 일반대중이 갖는 과학지식의 공백을 메워 나가는 일이 우선 급선무이다. 이 BLUE BACKS 한국어판 발간의 의의와 필연성이 여기에 있다. 또 이 시도가 단순한 지식의 도입에만 목적이 있는 것이 아니라, 우리나라의 학자·전문가들도 일반대중을 과학과 더 가까이 하게 할 수 있는 과학물저작활동에 있어 더 깊은 관심과 적극적인 활동이 있어 주었으면 하는 것이 간절한 소망이다.

1978년 9월

발행인 孫永壽